典型脆弱区
生态环境综合评价

曹春香　主编

科学出版社

北京

内 容 简 介

本书以生态脆弱区为研究对象,基于多源遥感数据协同反演的生态环境因子以及社会经济统计指标等构建生态环境综合评价指标体系,在中国典型脆弱区开展生态环境综合评价应用示范。全书共6章。第1章为绪论,系统概述生态脆弱区的概念、基本特征及空间分布,所面临的主要问题、成因及压力及中国生态脆弱区保护现状。第2章为典型脆弱区选取与综合评价的数据准备内容,在此基础上,第3章进一步详述基于多源遥感数据的脆弱区生态环境参数的遥感反演,以及所采用的多源遥感数据融合、数据同化、多源遥感协同反演等关键技术。第4章主要介绍典型脆弱区环境综合评价技术指标体系的构建及验证。第5章为脆弱区生态环境综合评价技术系统集成。第6章为脆弱区生态环境综合评价展望。

本书可供气候变化、生态安全、环境健康、生态治理与脆弱区管理、定量遥感等学科领域的科研人员以及环保、农林、生态等行业部门的管理人员和技术人员参考阅读,也可作为高等院校生态环境类与遥感类专业本科生及研究生教材。

图书在版编目(CIP)数据

典型脆弱区生态环境综合评价/曹春香主编. —北京:科学出版社,2017. 12
ISBN 978-7-03-054309-7

Ⅰ. ①典… Ⅱ. ①曹… Ⅲ. ①区域生态环境–环境生态评价–中国
Ⅳ. ①X826

中国版本图书馆 CIP 数据核字(2017)第 214040 号

责任编辑:彭胜潮 赵 晶/责任校对:韩 杨
责任印制:肖 兴/封面设计:铭轩堂

科 学 出 版 社 出版
北京东黄城根北街 16 号
邮政编码:100717
http://www.sciencep.com

北京虎彩文化传播有限公司 印刷

科学出版社发行 各地新华书店经销
*
2017 年 12 月第 一 版 开本:787×1092 1/16
2019 年 2 月第二次印刷 印张:12 1/4
字数:290 000

定价:158.00 元
(如有印装质量问题,我社负责调换)

《典型脆弱区生态环境综合评价》
编 委 会

序

　　生态脆弱区是全球变化响应的敏感区，其生态系统稳定性低，波动性强，自我修复能力弱，对生态环境因素变化敏感。生态脆弱区一般均是不同类型的生态系统交叉过渡地带，如北方农牧交错带、南方红壤丘陵地区、青藏高原复合侵蚀生态区等，这些区域生态环境本身抗干扰能力较弱，加之近年日益频发的多维度人为因素及自然灾害干扰，其面临的威胁与日俱增，进一步退化的形势严峻。因此，急需对脆弱区生态环境状况进行适时遥感诊断，为实现生态文明建设和环境保护提供科学支撑。

　　面对我国生态脆弱区的环境污染和生态健康问题，我国各级政府部门致力于寻找积极有效的解决办法，相关领域的专家学者也都群策群力。2012年11月，党的"十八大"报告将"美丽中国"建设、"生态文明"建设写入党章，凸显了决策层对生态环境保护的重视已上升到一定的高度。"十八大"后关于生态建设规划与政策的出台，标志着生态环境保护进入了以生态环境评价与建设为主导的新一轮快速发展期。在国家科技管理信息系统公布的2016年国家重点研发计划中，"典型脆弱生态修复与保护研究"是生态与环境领域重点支持的六大领域方向之一，表明了国家从科技层面加强了对典型脆弱区生态环境保护研究工作的支持。近年来，飞速发展的遥感、地理信息系统等空间信息技术为脆弱区生态环境遥感诊断提供了实时有效的观测模式与技术手段。随着高分卫星、激光雷达、合成孔径雷达等传感器的在轨运行以及无人机的广泛应用，遥感技术的多时相、多尺度、多波段、多模式以及低成本、能重复、可反演、高效率的优势，被科学地引入到了对生态环境状况的定性分析与定量诊断。部分新载荷的预研研究也为深入探究脆弱区特征及其时空演化机制、科学客观地预测生态脆弱区域的环境状况起到重要作用。基于国产遥感卫星数据，利用环境健康遥感诊断指标体系及模型等为区域、国家乃至全球尺度的生态环境诊断和保护规划提供有效的科学支撑和决策服务。

　　在资源环境和遥感科学大数据平台逐步完善的今天，依托"互联网+"技术，以国产卫星数据为主要数据源，在我国典型生态脆弱区开展关键生态环境要素的主被动遥感协同反演和数据同化，同时进行精度验证和示范应用，既是对遥感技术进一步的有效推动，又是对国产卫星载荷的预研研究及国产卫星数据面向行业部门应用的有力推进，更能为我国生态环境监测和保护、区域经济社会协调可持续发展提供系统的科学数据和信息服务。

　　作为专门面向生态脆弱区环境评价服务的专业书籍，其对于我国生态脆弱区的保护和管理具有重要的指导意义，同时能够进一步推动环境健康遥感诊断交叉学科的发展和完善。该书既具学术高度，又具实用价值。我作为密切关注国家生态环境健康的一位科研人员，对该书的完成倍感欣慰，并热切期待其能成为我国生态脆弱区环境监测评价与遥感诊断的重要参考书籍，更期待着该书及其作者团队能够在有效服务我国生态文明建设并有力推动中国经济社会与生态环境的健康发展作出更大贡献。

中国科学院院士

2017 年 3 月 13 日

前　言

中国是世界上生态脆弱区分布面积最大、脆弱生态类型最多、生态脆弱性表现最明显的国家之一。我国生态脆弱区大多位于生态过渡区和植被交错区，处于农牧、林牧、农林等复合交错带，是我国目前生态问题突出、经济相对落后和人民生活贫困区，同时也是我国环境监管的薄弱地区。加强生态脆弱区保护，促进生态脆弱区经济发展，有利于维护生态系统的完整性，实现人与自然的和谐发展。一直以来，国内外陆续出版过许多关于环境监测、环境评价等领域的书籍，各自的侧重和倾向不相同，但是专门面向生态脆弱区的专著很少，尤其是基于遥感技术手段建立综合评价指标体系的专著目前尚无。

本书以中国典型生态脆弱区为研究对象，基于多源遥感数据协同反演的生态环境因子，结合社会经济统计指标等数据构建生态环境综合评价指标体系，搭建系统平台，进而开展脆弱区生态环境综合评价。全书共分6章。第1章为绪论，在简要介绍中国生态环境问题的基础上，系统概述生态脆弱区的概念、基本特征及空间分布，面临的主要问题、成因及压力，综述了中国生态脆弱区保护现状及发展趋势。第2章为典型脆弱区选取与数据处理，依次分别介绍典型脆弱区选取的基本原则及结果、主被动遥感数据的收集及预处理、地表调查及参数测量技术规范和结果。所测量的地面参数包括地物反射光谱、微波辐射波谱、植被参数、水体参数、土壤参数、冰雪参数等表征脆弱区生态环境特征的各参数因子。在第2章基础上，第3章则进一步叙述基于多源遥感数据的脆弱区生态环境参数遥感反演，所采用的关键技术包括多源遥感数据融合技术、数据同化技术、多源遥感协同反演技术等，对于遥感反演的结果需要采用分层次多角度的方法开展精度验证。第4章主要说明脆弱区环境综合评价技术指标体系构建及验证。在明确评价范围和对象的基础上，系统阐述典型脆弱区生态环境评价体系的构建依据、构建流程和构建结果，分别计算了5个典型脆弱区生态评价指标体系中各指标权重，建立并优化了评价模型，得到了评价结果，并分别基于地面实测数据及对比已有参考文献中的评价结果进行定性分析和定量验证。第5章为脆弱区生态环境综合评价技术系统集成，通过制定总体集成方案搭建了生态环境综合评价数据库系统、多源数据融合系统、多源数据同化系统、生态环境评价因子综合反演系统以及生态环境综合评价技术应用系统五大子系统。第6章为脆弱区生态环境综合评价展望，首先介绍全国生态脆弱区保护规划的基本原则、规划目标、主要任务和对策措施，然后探讨脆弱区保护规划与国家沙漠公园发展规划的关系，最后展望面向脆弱区的生态环境参数遥感反演关键技术发展、指标体系完善、综合评价示范应用前景，分析了脆弱区生态环境综合评价的经济社会效益。

本书出版得到了国家重点研发计划"地球资源环境动态监测技术"第五课题"地球

资源环境动态监测综合应用示范"(No. 2016YFB0501505)、林业公益性行业科研专项"树流感爆发风险遥感诊断与预警研究"(No. 201504323)、科技部 863 项目"星-机-地综合定量遥感与应用示范"中的"典型应用领域全球定量遥感产品生产体系"课题(No. 2013AA12A302)等项目的资助,谨此一并致谢!

　　鉴于作者水平和时间所限,书中可能会存在一些不足和疏漏之处,恳望读者批评指正!

作　者
2017 年 4 月

目　　录

第1章 绪 论

中国是世界上生态脆弱区分布面积最大、脆弱生态类型最多、生态脆弱性表现最明显的国家之一。中国生态脆弱区大多位于生态过渡区和植被交错区,处于农牧、林牧、农林等复合交错带,是我国目前生态问题突出、经济相对落后和人民生活贫困区,同时也是我国环境监管的薄弱地区。加强生态脆弱区保护,增强生态环境监管力度,促进生态脆弱区经济发展,有利于保持生态系统的完整性,维护国家生态安全,并实现人与自然的和谐发展(环境保护总局,2007;环境保护部,2008,2013)。

1.1 中国生态环境问题

健康的生态环境是保障国家生态安全的基础,是建设生态文明的重要支撑(Costanza et al., 1992;曹春香,2013)。近几十年来,中国飞速的经济社会发展也带来了诸多的环境健康问题,其中以自然生态环境问题为甚(国务院新闻办公室,2006)。全球气候变暖、土地沙化、乱砍滥伐和森林退化、江河湖海的严重污染等生态环境恶化问题日益突出,气候和生态环境变化又加剧了许多自然和人为灾害(如地震、泥石流、干旱、洪涝、海啸、雾霾等)的发生及各种流行病(如疟疾、血吸虫病、鼠疫、霍乱、H1N1 等)的爆发。生态环境问题已经成为人类面临的最严重问题之一,它不仅全面影响着我们自身的健康,而且危害子孙后代的生存环境,进而危及人类的生存与发展(Rapport, 1998; Akanda et al., 2012; Hanson et al., 2004a, 2004b)。

1.2 生态脆弱区的概念

根据 2008 年环境保护部颁布的《全国生态脆弱区保护规划纲要》,生态脆弱区也称生态交错区(ecotone),是指两种不同类型生态系统交界过渡区域。这些交界过渡区域生态环境条件与两个不同生态系统核心区域有明显的区别,是生态环境变化明显的区域,已成为生态保护的重要领域。

1.3 生态脆弱区基本特征及空间分布

1.3.1 生态脆弱区的基本特征

生态脆弱区主要包括以下基本特征。

(1)系统抗干扰能力弱。生态脆弱区生态系统结构稳定性较差,对环境变化反应相对敏感,容易受到外界的干扰发生退化演替,而且系统自我修复能力较弱,自然恢复时间较长。

(2)对全球气候变化敏感。生态脆弱区生态系统中,环境与生物因子均处于相变的临界状态,对全球气候变化反应灵敏。具体表现为气候持续干旱,植被旱生化现象明显,生物生产力下降,自然灾害频发等。

(3)时空波动性强。波动性是生态系统的自身不稳定性在时空尺度上的位移。在时间上表现为气候要素、生产力等在季节和年际间的变化;在空间上表现为系统生态界面的摆动或状态类型的变化。

(4)边缘效应显著。生态脆弱区具有生态交错带的基本特征,因处于不同生态系统之间的交接带或重合区,是物种相互渗透的群落过渡区和环境梯度变化明显区,具有显著的边缘效应。

(5)环境异质性高。生态脆弱区的边缘效应使区内气候、植被、景观等相互渗透,并发生梯度突变,导致环境异质性增大。具体表现为植被景观破碎化、群落结构复杂化、生态系统退化明显、水土流失加重等。

1.3.2　生态脆弱区的空间分布

我国生态脆弱区主要分布在北方干旱-半干旱区、南方丘陵区、西南山地区、青藏高原区及东部沿海水陆交接地区,行政区域涉及黑龙江、内蒙古、吉林、辽宁、河北、山西、陕西、宁夏、甘肃、青海、新疆、西藏、四川、云南、贵州、广西、重庆、湖北、湖南、江西、安徽等省(自治区、直辖市)。主要类型包括以下8个。

1)东北林草交错生态脆弱区

该区主要分布于大兴安岭山地和燕山山地森林外围与草原接壤的过渡区域,行政区域涉及内蒙古呼伦贝尔市、兴安盟、通辽市、赤峰市和河北省承德市、张家口市等部分县(旗、市、区)。生态环境脆弱性表现为:生态过渡带特征明显,群落结构复杂,环境异质性大,对外界反应敏感等。重要生态系统类型包括北极泰加林、沙地樟子松林、疏林草甸、草甸草原、典型草原、疏林沙地、湿地、水体等。

2)北方农牧交错生态脆弱区

该区主要分布于年降水量为 300~450 mm、干燥度为 1.0~2.0 的北方干旱-半干旱草原区,行政区域涉及内蒙古、吉、辽、冀、晋、陕、宁、甘等省(自治区)。生态环境脆弱性表现为:气候干旱,水资源短缺,土壤结构疏松,植被覆盖度低,容易受风蚀、水蚀和人为活动的强烈影响。重要生态系统类型包括典型草原、荒漠草原、疏林沙地、农田等。

3)西北荒漠绿洲交接生态脆弱区

该区主要分布于河套平原及贺兰山以西,新疆天山南北广大绿洲边缘区,行政区域涉及新、甘、青、内蒙古等地区。生态环境脆弱性表现为:典型荒漠绿洲过渡区,呈非地带性岛状或片状分布,环境异质性大,自然条件恶劣,年降水量少、蒸发量大,水资源极度短缺,土壤瘠薄,植被稀疏,风沙活动强烈,土地荒漠化严重。重要生态系统类型包括高山亚高山冻原、高寒草甸、荒漠胡杨林、荒漠灌丛,以及珍稀、濒危物种栖息地等。

4) 南方红壤丘陵山地生态脆弱区

该区主要分布于我国长江以南红土层盆地及红壤丘陵山地，行政区域涉及浙、闽、赣、湘、鄂、苏等省。生态环境脆弱性表现为：土层较薄，肥力瘠薄，人为活动强烈，土地严重过垦，土壤质量下降明显，生产力逐年降低；丘陵坡地林木资源砍伐严重，植被覆盖度低，暴雨频繁、强度大，地表水蚀严重。重要生态系统类型包括：亚热带红壤丘陵山地森林、热性灌丛及草山草坡植被生态系统，亚热带红壤丘陵山地河流湿地水体生态系统。

5) 西南岩溶山地石漠化生态脆弱区

该区主要分布于我国西南石灰岩岩溶山地区域，行政区域涉及川、黔、滇、渝、桂等省市。生态环境脆弱性表现为：全年降水量大，融水侵蚀严重，而且岩溶山地土层薄，成土过程缓慢，加之过度砍伐山体林木资源，植被覆盖度低，造成严重水土流失，山体滑坡、泥石流灾害频繁发生。重要生态系统类型包括：典型喀斯特岩溶地貌景观生态系统，喀斯特森林生态系统，喀斯特河流、湖泊水体生态系统，喀斯特岩溶山地特有和濒危动植物栖息地等。

6) 西南山地农牧交错生态脆弱区

该区主要分布于青藏高原向四川盆地过渡的横断山区，行政区域涉及四川阿坝、甘孜、凉山等州，云南省迪庆、丽江、怒江以及黔西北六盘水等 40 余个县市。生态环境脆弱性表现为：地形起伏大、地质结构复杂，水热条件垂直变化明显，土层发育不全，土壤瘠薄，植被稀疏；受人为活动的强烈影响，区域生态退化明显。重要生态系统类型包括亚热带高山针叶林生态系统、亚热带高山峡谷区热性灌丛草地生态系统、亚热带高山高寒草甸及冻原生态系统、河流水体生态系统等。

7) 青藏高原复合侵蚀生态脆弱区

该区主要分布于雅鲁藏布江中游高寒山地沟谷地带、藏北高原和青海三江源地区等。生态环境脆弱性表现为：地势高寒，气候恶劣，自然条件严酷，植被稀疏，具有明显的风蚀、水蚀、冻蚀等多种土壤侵蚀现象，是我国生态环境十分脆弱的地区之一。重要生态系统类型包括：高原冰川、雪线及冻原生态系统，高山灌丛化草地生态系统，高寒草甸生态系统，高山沟谷区河流湿地生态系统等。

8) 沿海水陆交接带生态脆弱区

该区主要分布于我国东部水陆交接地带，行政区域涉及我国东部沿海诸省(市)，典型区域为滨海水线 500 m 以内，向陆地延伸 1~10 km 之内的狭长地域。生态环境脆弱性表现为：潮汐、台风及暴雨等气候灾害频发，土壤含盐量高，植被单一，防护效果差。重要生态系统类型包括滨海堤岸林植被生态系统、滨海三角洲及滩涂湿地生态系统、近海水域水生生态系统等。

1.4　生态脆弱区的主要压力

1.4.1　生态脆弱区的主要问题

中国的生态脆弱区当前面临以下主要问题。

1) 草地退化、土地沙化面积巨大

2005 年我国共有各类沙漠化土地 174.0 万 km^2，其中，生态环境极度脆弱的西部 8 省区就占 96.3%。我国北方有近 3.0 亿 hm^2 天然草地，其中，60%以上分布在生态环境比较脆弱的农牧交错区，目前，该区中度以上退沙化面积已占草地总面积的 53.6%，并已成为我国北方重要沙尘源区，而且每年退沙化草地扩展速度平均在 200 万 hm^2 以上。

2) 土壤侵蚀强度大，水土流失严重

西部 12 省(自治区、直辖市)是我国生态脆弱区的集中分布区。最近 20 年，由于人为过度干扰，植被退化趋势明显，水土流失面积平均每年净增 3%以上，土壤侵蚀模数平均高达 3000 t/(km^2·a)，云贵川石漠化发生区，每年流失表土约 1cm，输入江河水体的泥沙总量为 40 亿~60 亿 t。

3) 自然灾害频发，地区贫困不断加剧

我国生态脆弱区每年因沙尘暴、泥石流、山体滑坡、洪涝灾害等各种自然灾害所造成的经济损失约 2000 多亿元人民币，自然灾害损失率年均递增 9%，普遍高于生态脆弱区 GDP 增长率。我国《"八七"扶贫计划》共涉及 592 个贫困县，中西部地区占 52%，其中，80%以上地处生态脆弱区。2005 年全国绝对贫困人口为 2 365 万，其中 95%以上分布在生态环境极度脆弱的老少边穷地区。

4) 气候干旱，水资源短缺，资源环境矛盾突出

我国北方生态脆弱区耕地面积占全国的 64.8%，实际可用水量仅占全国的 15.6%，70%以上地区全年降水不足 300 mm，每年因缺水而使 1 300 万～4 000 万 hm^2 农田受旱。西北荒漠绿洲区主要依赖雪山融水维系绿洲生态平衡，最近几年，雪山融水量比 20 年前普遍下降 30%~40%，绿洲萎缩后外围胡杨林及荒漠灌丛生态退化日益明显，并已严重威胁到绿洲区的生态安全。

5) 湿地退化，调蓄功能下降，生物多样性丧失

20 世纪 50 年代以来，全国共围垦湿地 3.0 万 km^2，直接导致 6.0 万~8.0 万 km^2 湿地退化，蓄水能力降低 200 亿~300 亿 m^3，许多两栖类、鸟类等关键物种栖息地遭到严重破坏，生物多样性严重受损。此外，湿地退化，土壤次生盐渍化程度增加，每年受灾农田约 100 万 hm^2，粮食减产约 2 亿 kg。

1.4.2　生态脆弱区的成因及压力

造成我国生态脆弱区生态退化、自然环境脆弱的原因除生态本底脆弱外，人类活动的过度干扰是直接成因。主要表现在以下几方面。

1）经济增长方式粗放

我国经济增长方式粗放的特征主要表现在重要资源单位产出效率较低，生产环节能耗和水耗较高，污染物排放强度较大，再生资源回收利用率低下，社会交易率低而交易成本较高。2006 年中国 GDP 约占世界的 5.5%，但能耗占 15%、钢材占 30%、水泥占 54%；2000 年中国单位 GDP 排放 CO_2 0.62 kg、有机污水 0.5 kg，污染物排放强度大大高于世界平均水平；而矿产资源综合利用率、工业用水重复率均高于世界先进水平 15~25 个百分点；社会交易成本普遍比发达国家高 30%~40%。

2）人地矛盾突出

我国以世界 9%的耕地、6%的水资源、4%的森林、1.8%的石油，养活着占世界人口 22%的人口，人地矛盾突出已是我国生态脆弱区退化的根本原因，如长期过度放牧引起的草地退化，过度开垦导致干旱区土地沙化，过量砍伐森林资源引发大面积水土流失等。据报道，我国环境污染损失约占 GDP 的 3%~8%，生态破坏（草原、湿地、森林、土壤侵蚀等）占 GDP 的 6%~7%。

3）监测与监管能力低下

我国生态监管机制由于部门分割、协调不力，导致监管效率低下。同时，由于相关政策法规、技术标准不完善，经济发展与生态保护矛盾突出，特别是生态监测、评估与预警技术落后，生态脆弱区基线不清、资源环境信息不畅，难以为环境管理与决策提供良好的技术支撑（宋崇真和周玉华，2011）。

4）生态保护意识薄弱

我国人口众多，环保宣传和文教事业严重滞后。有的地方政府重发展轻保护思想普遍，有的甚至以牺牲环境为代价，单纯追求眼前的经济利益；个别企业受经济利益驱动，违法采矿、超标排放十分普遍，严重破坏人类的生存环境。不少民众环保观念淡漠，对当前严峻的环境形势认知水平低，而且消费观念陈旧，缺乏主动参与和积极维护生态环境的思想意识，资源掠夺性开发和浪费使用不能有效遏制，生态破坏、系统退化日趋严重。

1.5　中国生态脆弱区保护现状及发展趋势

1.5.1　中国生态脆弱区保护现状

相比世界发达国家，中国的环境健康恶化状况尤其严重(环境保护部，2013)，已成为制约我国经济发展、危害公众健康，甚至影响社会安定的一个重要因素。例如，目前我国的荒漠化土地已占国土陆地总面积的 27.3%，且还在以每年 2 460 km² 的速度增长；酸雨覆盖面积已占国土面积的 29%；全国城市大气总悬浮微粒浓度的日均值为 320 μg/m³，污染严重的城市超过 800 μg/m³，高出世界卫生组织标准近 10 倍；全国七大水系近一半的监测河段污染严重，86%的城市河段水质超标。对 15 个省市 29 条河流的监测结果显示，有 2 800 km 河段几乎没有鱼。淮河流域 191 条支流中，80%的水体呈黑绿色，一半以上河段的水完全丧失使用价值；地震越发频繁，各种流行病不断爆发、快速传播对公众健康带来严重威胁(Yang and Yan, 2002; Zhang et al., 2016a)。

针对不同类型和地域的生态脆弱区，其面临的问题及保护现状各不相同。如东北大兴安岭西麓山地林草交错生态脆弱区，其面临着天然林面积减小，稳定性下降，水土保持、水源涵养能力降低，草地退化、沙化趋势激烈等问题。而北方农牧交错生态脆弱区中的辽西以北丘陵灌丛草原垦殖退沙化生态脆弱重点区域，则主要受困于草地过垦过牧，植被退化明显，土地沙漠化强烈，水土流失严重，气候干旱，水资源短缺。同一类型脆弱区的鄂尔多斯荒漠草原垦殖退沙化生态脆弱重点区域则主要面临气候干旱，植被稀疏，风沙活动强烈，沙漠化扩展趋势明显，气候灾害频发，水土流失严重等问题。此外，沿海水陆交接带生态脆弱区中的渤海、黄海、南海等滨海水陆交接带及其近海水域目前的主要问题是台风、暴雨、潮汐等自然灾害频发，过渡区土壤次生盐渍化加剧，缓冲能力减弱等(刘燕华和李秀彬，2001; Lin and Shen, 2007; Adger, 2006)。

1.5.2　中国生态脆弱区保护发展趋势

基于当前中国生态脆弱区的现状，今后生态脆弱区保护和发展的趋势主要体现在以下几方面。

1)加强生态脆弱区现状调查与基线评估

以地理信息系统(geographical information system, GIS)、遥感(remote sensing, RS)、全球定位系统(global positioning system, GPS)的“3S”技术为主要手段，结合地面生态调查，全面开展全国八大类生态脆弱区资源、环境现状调查与基线评估，建立脆弱区生态背景数据库，明确不同生态脆弱区时空演变动态特征，制定符合中国国情的生态脆弱区评价指标体系，编制符合不同生态脆弱区植被恢复与系统重建的技术规范与技术标准，确定不同生态脆弱区资源、环境承载力阈值(生态警戒线)，为脆弱区生态保育奠定科学基础。

2)建设生态脆弱区监测网络与预警体系

在全国八大类典型生态脆弱区，建立长期定位生态监测站点，基于互联网技术，与国家环境保护生态背景数据网络平台联网，实施数据信息共享，构建全国生态脆弱区生态监测网络。同时，利用遥感和地理信息系统等空间信息技术，开展生态系统健康诊断与预测评估，对全国生态脆弱区实施动态监测与中长期预警，定期发布生态安全预警信息，为国家资源开发、环境管理及生态保护提供技术支撑。

3)开展生态脆弱区保护、修复与产业示范

针对不同类型生态脆弱区资源与环境特点，编制适合不同生态脆弱区可持续发展的生态保护与修复示范产业规划，并选择典型区域进行试点示范。同时，研究制定不同生态脆弱区限制类、优化类和鼓励类产业准入分类指导目录，指导脆弱区的产业发展。此外，开展生态脆弱区资源开发、生态恢复及重建技术规范及标准研究，以及自然资源生态价值评估指标及评估方法研究，积极探索生态保护与经济发展耦合模式，促进示范产业的开展实施。

4)强化生态脆弱区典型示范工程整合与技术推广

编制全国生态脆弱区生态保护与建设工程实施管理办法及技术规范，研究制定全国生态脆弱区重大生态建设工程效益评估指标及评价方法，逐步开展生态脆弱区重大生态建设工程效益后评估，并按照评估结果进行整合与推广，为确保脆弱区生态工程质量提供技术保障。

1.6　小　　结

在概括总结了中国生态环境问题的基础上，本章基于《全国生态脆弱区保护规划纲要》，系统概述了"生态脆弱区"的概念、中国生态脆弱区的基本特征及其空间分布，分析了中国的生态脆弱区当前面临的主要问题，导致这些问题的原因及压力，最后综述了中国生态脆弱区的保护现状，并展望了其保护发展趋势。

第 2 章　典型脆弱区选取与数据处理

2.1　典型脆弱区选取

2.1.1　选 取 原 则

脆弱区的选取需要遵循科学性、典型性、独立性的原则。科学性的原则即选择标准必须考虑生态脆弱区的基本特征，以科学统筹和合理规划的理论依据为基础；典型性就是所选取的脆弱区具有广泛的代表性，能够反映最为典型的生态脆弱地区类型；独立性是指所选取的典型脆弱区无论在属性特征上还是在空间分布上均相互独立，具有自己的一套完备的表征指标体系（Bartell, 1998; Chen and Liu, 2014; Dragsow et al., 2017）。

2.1.2　选 取 结 果

基于以上原则，初步确定了青藏高原复合侵蚀区、南方红壤丘陵区、北方农牧交错区、沿海水陆交接区及西南山地农牧交错区作为我国脆弱区生态环境综合评价应用示范区，并在各区选取一个有代表性的试验点进行主被动遥感协同反演关键技术应用验证。青藏高原复合侵蚀区选取青海省三江源区作为试验点；南方红壤丘陵区选取江西泰和县作为试验点；北方农牧交错区选取河北坝上作为试验点；沿海水陆交接区选取福建沿海及近海海岸带作为试验点；西南山地农牧交错区选取四川若尔盖湿地作为试验点。

2.2　遥感数据及预处理

根据传感器接收的辐射来源，遥感数据可以分为被动遥感数据和主动遥感数据。被动遥感(无源遥感)是指传感器直接接收记录地物反射来自太阳的电磁波或者地物自身发射的电磁波，即电磁波来自天然辐射源——太阳或地球。主动遥感(有源遥感)是指传感器本身携带的人工电磁辐射源向地物发射一定能量电磁波，然后接受地物反射回来的电磁波，从而实现对地表物体的探测和表征。

2.2.1　被 动 遥 感 数 据

1. 国产被动遥感数据

国产卫星载荷在近些年发展十分迅速，针对各应用领域需求而设计和发射的卫星传感器所获取的遥感数据逐步得到广泛应用。在生态环境遥感领域，环境与灾害监测预报小卫星星座 A、B 星(HJ-1A/1B)自 2008 年成功发射以来，专家学者利用该传感器所提供的数据展开了大量探索和研究工作，取得了一系列研究成果。本书研究所采用的国产遥感数据主要以 HJ-1A/1B 卫星数据为主，包括 CCD 数据和 HIS 数据等。在 HJ-1A 卫星和 HJ-1B 卫星上均装载的两台 CCD 相机设计原理完全相同，以星下点对称放置，平分视场、并行观测，联合完成对视场宽度为 700 kg、地面像元分辨率为 30 m、4 个谱段的推扫成像。此外，在 HJ-1A 卫星装载有一台超光谱成像仪，完成对视场宽度为 50 km、地面像元分辨率为 100 m、110~128 个光谱谱段的推扫成像，具有侧视能力和星上定标功能。

该研究充分利用 HJ CCD 数据和 HIS 数据的波段特点，结合其他多源遥感数据，遴选和研发了森林生物量反演模型、光谱反射率及地表反照率反演模型、地表温度反演模型和水体叶绿素浓度反演模型等，对国产被动遥感数据在生态环境因子提取方面展开了深入研究。

2. 国外被动遥感数据

鉴于大气条件及卫星重访周期的限制，单凭国产卫星数据很难完成 5 个生态脆弱区的生态环境参数反演。因此，需要在以国产被动遥感数据为主的前提下，根据研究的需要适当补充相应的国外被动遥感数据。

中分辨率成像光谱仪（MODerate-resolution imaging spectroradiometer, MODIS）是 Terra 和 Aqua 卫星上搭载的主要传感器之一，两颗卫星相互配合每 1~2 天可重复观测整个地球表面，得到 36 个波段的观测数据，这些数据将有助于我们深入理解全球陆地、海洋和低层大气内的动态变化过程。因此，MODIS 在发展有效的、全球性的用于预测全球变化的地球系统相互作用模型中起着重要作用，其精确的预测将有助于决策者制定与环境保护相关的重大决策。MODIS 自 2000 年 4 月开始正式发布数据，NASA 对 MODIS 数据以广播 X 波段向全球免费发送，我国目前已建立了数个接收站，并分别于 2001 年 3 月前后开始接收数据。由于 NASA 对 MODIS 数据实行这种全球免费接收的政策，使得 MODIS 数据的获取十分廉价和方便。

本书充分利用 MODIS 数据的特点，结合其他多源遥感数据，遴选和研发了光谱反射率及地表反照率反演模型和冰雪信息反演模型等。

2.2.2　主动遥感数据

随着遥感技术的不断发展，主动遥感数据逐渐进入人们的视线，常见的主动遥感数据有激光雷达数据和微波雷达数据两种。主动遥感数据对目标地物进行监测时无需顾及自然辐射条件和天气条件的影响，是被动遥感数据的有力补充。

1. 机载 LiDAR 数据

机载 LiDAR 是一种主动式对地观测系统，是 20 世纪 90 年代初首先由西方国家发展起来并投入商业化应用的一门新兴技术。它集成激光测距技术、计算机技术、惯性测量单元和 DGPS 差分定位技术于一体，在三维空间信息的实时获取方面产生了重大突破，为获取高时空分辨率地球空间信息提供了一种全新的技术手段。它具有自动化程度高、受天气影响小、数据生产周期短、精度高等特点。

本书基于机载 LiDAR 和其他光学遥感数据遴选和研发了植被面积指数(PAI)和森林覆盖度协同反演模型等。

2. GLAS 数据

GLAS(geoscience laser altimeter system)是 NASA 发射的 Icesat 卫星的一个激光高度系统,是第一个能获取全球地形表面数据集的星载 LiDAR 系统。GLAS 传感器采用脉冲波、非多普勒、非相干和点光束的工作方式。GLAS 数据首先主要是用来研究冰床和地形表面,后来逐渐扩展应用至测量森林环境。GLAS 是一个波形数据传感器,使用 1046 nm/40 Hz 的激光打在地面一个直径大约 70 m 的椭圆上,两个光斑质心之间的距离是 172 m,传感器记录的是自从脉冲发射以来这些脚点返回的能量。用波形记录 LiDAR 信号包括能够较强标志树冠结构的能力,以及精确描述大面积树冠信息的能力。

本书结合 GLAS 数据和国产光学遥感数据,研发了森林生物量主被动遥感协同反演模型。

3. AMSR-E 数据

改进型微波辐射扫描仪-地球观测系统(AMSR-E)于 2002 年 5 月搭载在 Aqua 卫星上升空,用于观察陆地、海洋和大气的水能量循环变化。它有 12 个通道,分别测量 6 个不同频率的水平和垂直极化的地面亮温。AMSR-E 相对于 SMMR、SSM/I 等其他微波数据来说,具有通道多、频率范围宽、分辨率高等优势。本书利用 AMSR-E 数据,结合 MODIS 数据发展了一种冰雪信息协同反演模型。

4. GPS-R 数据

导航卫星的反射信号携带的地表信息可以被专门的接收机利用,形成一种新兴的遥感手段(GPS-R)。在陆面参数反演领域,由于数据成本低、功耗小和高时空分辨率等诸多优点,GPS-R 数据逐渐成为土壤水分、植被等地物参数监测反演的有效手段。本书利用 GPS-R 数据提供的地表信息,结合光学遥感数据发展了一种土壤含水量协同反演模型。

2.3　指标参数测量与反演

2.3.1　地物反射光谱

1. 地物反射光谱的地面测量

为了确保野外地物方向反射率波谱测量数据的准确、客观、可靠,在波谱测定时需要考虑以下几方面。

(1) 尽可能避免试验人员和仪器对太阳入射光的影响: 测量人员或仪器要面向太阳, 不能阻挡太阳直射光; 尽量减小测量人员或仪器相对于观测对象在上半空间的立体角, 即减少测量人员和仪器设备阻挡的天空散射光; 测量人员着深色装, 测量仪器要涂黑或用深色物包裹, 降低测量人员/仪器与观察对象的交叉辐射影响。

(2) 观测范围选取时要观测对象的尺度效益: 避免"瞎子摸象"现象, 以行播作物的冠层波谱测定为例, 观测范围要覆盖 3~5 个行距。

(3) 室内分析的取样对象要与观测对象保持一致: 特别是植被地物, 一是要保证取样范围与波谱测定范围一致, 另外要考虑植被的呼吸和光合作用对生理生化指标的影响, 尽可能地保证室内分析时植物样品的生理生化状态与波谱测定时一致。

(4) 测定天空散射光信息: 明确直射光和散射光对入射能量的贡献。

(5) 参考板和观测对象的反射波谱测定要同步: 由于野外条件的气象条件的瞬变特性, 特别是风、云对太阳入射能量的影响, 要尽可能保证参考板和观测对象的波谱测定的同步, 避免天气变化造成的反射率波谱数据误差。

(6) 记录现场天气条件和观测对象的详细描述, 并辅以现场照片。

地表反照率的地面测量验证采用 CMA6 反照率测量仪来进行, 通过其上面的传感器可以测得入射进来的总辐射, 下面的传感器测得地表反射的太阳辐射, 通过以上两组测量数据即可计算出反照率。

2. 光谱反射率的遥感提取

地物的光谱反射率是地物固有的反射特性, 卫星传感器在太空记录的地物反射亮度是地物反射率的反映量, 但图像 DN 值只是进入传感器入瞳处表观辐射亮度的一种数字转换形式, 不能本质地反映地物的辐射特性。表观反射率虽然经过了绝对辐射校正, 但它是地面反射率和大气反射率的总和, 仍不能真实地反映地物的辐射特性, 因此, 对于利用遥感影像反演环境评价之类定量化研究必须对影像进行大气订正, 消除大气影响获得真实反映地物辐射特性的光谱反射率。为此, 本书结合研究需求与目前在轨自主卫星的辐射特性和几何特性, 主要研究和开发适合环境减灾卫星(HJ-1A/B 星)遥感影像的大气订正算法, 生产地表光谱反射率产品, 为环境评价提供一个高精度的因子, 同时也为其他环境因子的评价奠定一个坚实的基础。

研究的主要技术方案是基于浓密植被暗目标区红蓝波段地表反射率之间相对稳定的关系, 利用 MODIS 数据浓密植被暗目标地区的气溶胶光学厚度反演 HJ-1 A/B CCD 数据浓密植被地区的气溶胶光学厚度, 然后基于使用辐射传输模型构建的大气校正查找表, 实现对 HJ-1 A/B CCD 数据的大气订正, 开发高精度的地表光谱反射率产品, 其技术方案流程如图 2-1 所示。

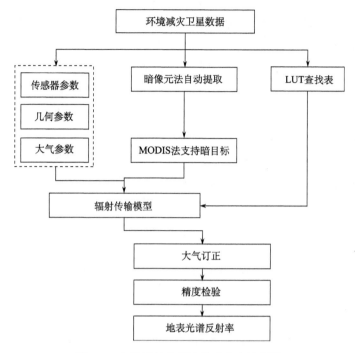

图 2-1 光谱反射率反演技术方案流程图

2.3.2 微波辐射波谱

在固定场地按视场的 9 倍面积平整场地，在干燥状态下对场地 15 cm 深度范围内的土壤充分打散团聚结构，使其自然粗糙度保持最小。在视场以外等效区域按地表深度 5 cm、15 cm、35 cm 间隔埋设土壤温度测试探头，至少 5 组，温度探头通过电缆与数据采集仪连接，按一定时间间隔采集温度数据。

微波辐射计测量波段采用 C、X、Cu、Ka 及双极化，测量方式一是大致保持视场一致，通过调整天线高度，完成不同观测角的测量，角度范围 20°~70°，步长 5 步；二是天线高度不变完成不同观测角的测量，角度范围 20°~70°，步长为 5 步。测量时间间隔为每 2 小时 1 次。

微波辐射计测量的同时，采用数码相机记录视场影像，可多个角度记录。采用波谱仪测量可见光至红外波段的波谱特征，与辐射计测量同步。采用米格板和数码相机测量地表粗糙度，与场地状态改变同步。

温度采集和土壤水分样品采集与辐射计测量同步，土壤水分样品采集深度间隔为 0~2 cm、2~5 cm、5~10 cm、10~15 cm、15~25 cm、25~35 cm、35~50 cm，空间布置为沿视场周边每 2 空间布方格一个采样点。

土壤容重测量：选择典型剖面，测量深度范围为 0~10 cm、10~20 cm、20~30 cm、30~40 cm、40~50 cm。

土壤质地分析：选择典型剖面，测量深度范围为 0~10 cm、10~20 cm、20~30 cm、30~40 cm、40~50 cm。

土壤介电常数测试：选择典型剖面，测量深度范围为 0~10 cm、10~20 cm、20~30 cm、30~40 cm、40~50 cm，每个样品对应 5 个含水量。

场地土壤湿度控制：平整后初始状态(干燥)测试一套数据，之后采取喷灌方式控制不同灌溉量，具体灌溉量及步长需通过实验，根据实际情况控制，要求是保证土壤湿度按约 5%的量级递增，直至在 50 cm 深度范围内达到饱和。停止灌溉，伴随自然变干过程，同变湿过程一样开展各项序列测量。

以上试验会选择有代表性的土壤类型区域开展临时场地测试，部分参数和控制条件可以适当简化。

混合像元微波辐射特征试验拟选择以下几种典型组合：①一种植被与裸露土壤混合，面积比例 1∶1，2∶1，3∶1，1∶2，1∶3；空间分布结构包括规则分布(固定行距、株距)、连续分布、离散分布。植被面积以垂直投影面积表达。②两种冠层结构差异较大(如玉米和大豆)植被与裸露土壤混合，面积比例 1∶1，2∶1，3∶1，1∶2，1∶3；空间分布结构包括规则分布(固定行距、株距)、连续分布、离散分布。植被面积以垂直投影面积表达。③积雪与裸露土壤混合，面积比例 1∶1，2∶1，3∶1，1∶2，1∶3；空间分布结构包括积雪连续分布、离散分布。

2.3.3　植 被 参 数

1. 森林生物量的测量试验方案

乔木：用间接收获法估算。①平均标准木法：根据立木的径级或高度分布，选择并收获一定数量的平均木，测定各部分器官的平均干物质重，求得平均总干重。然后，用单位面积的立木株数乘以平均木的总干重，可得单位面积上该乔木的生物量。适用于分布均匀的同龄人工林。②径级标准木法(也即乔木的维量分析法)：在所有径级中选择标准木，并对每一株标准木的各器官分别测定其物质重，并建立与胸径和高度的回归方程。回归方程建立后，需要做的只是在方程中进行一些变量的交换。对样方内各株器官的干物质量进行求和，即可得到该样方的生物量。

将被选的标准木伐倒后，每隔 1 m 处锯开(但第一段为 1.3 m)，分别测定各区分段的树干、树皮、树叶的鲜重，并取其各部分的部分样品，装入袋中带回室内，在 80℃烘干至恒重后称重。计算样品的含水量，并在野外测定鲜重值的基础上将其换算成干重。

灌木：按不同种类求出不同等级灌木的平均绿色部分重量、木质部分重量和地下部分的重量，然后分别乘以其丛数，最后相加，即可得到一定面积内灌木或半灌木的生物量。地下生物量是在地上部分剪割后，以其根茎为圆心，在半径 25 cm 或 50 cm、深度 1.0 m 范围内用铁锹按 20 cm 一层分层挖取根系，测定其地下生物量。

草本：将样方内的植物齐地面剪下，将剪下的样品按种分别装入塑料袋中，然后按样方集中并进行编号，以便带回实验室内处理。样品带回实验室后，迅速剔除前几年的枯草，然后将每一种的绿色部分和已枯部分分开，分别称其鲜重后，再放入大小适宜的纸袋中，置于烘箱内 80℃烘干至恒重，则可得到各样方中各个种的活物质与立枯物的烘干重(烘干至恒重)。

2. 叶面积指数的测量试验方案

叶面积测定采用直接测定和干重系数相结合的综合测定方法。首先，用叶面积仪直接测量单株植物的叶面积，而后将叶片放入烘箱，在 70~80℃下烘干，称重，然后求算出单株植物的单位重量的叶片面积，即干重系数，面积/干重(cm^2，称重)。再结合群落生物量测出样方中每种植物叶片的总干重，乘以各自的干重系数即可求出每种植物的叶片总面积，进而统计出各种群和群落的叶面积指数。

叶面积指数用冠层分析仪测定，方法为：在随机选择的样方中，在灌木层之上用冠层分析仪对乔木层冠层进行扫描，测定乔木层叶面积指数。

在每一个选定级样方中，将冠层分析仪置于森林群落灌木层下、草本层上的位置。对整个群落进行扫描，可得出整个森林群落的叶面积指数(乔木层+灌木层叶面积指数)。用该指数减去乔木层的叶面积指数即得森林灌木层的叶面积指数。

在每一个选定的样方中，将冠层分析仪置于森林群落草木层下的地面上，对整个群落进行扫描，可得出整个森林群落的叶面积指数(乔木层+灌木层+草本层叶面积指数)。用该指数减去乔木层和灌木层的叶面积指数即得森林草木层的叶面积指数。

3. 植被参数遥感反演

植被因子的提取或反演主要利用多时相的 HJ-1 的 CCD 数据和高光谱数据。本节主要介绍对植被类型、植被指数、植被覆盖度和生物量、叶面积指数的遥感提取方法。

不同类型的植被的结构-生化参数一般不同，因此，具体反演时，需对研究区的植被类型进行分类，分别确定或限定这些参数的值。获得研究区不同植被类型分布范围的方法有三种：①直接获取研究区的土地利用/土地覆盖(LUCC)图；②利用面向对象的遥感图像分类方法及高分辨率的遥感影像区分植被类型，划分各类型植被分布范围；③根据研究区植被的时间序列变化特征，结合面向对象的遥感图像分类算法，区分不同植被类型。

分析植被前向物理模型，SUITS、SAIL、SAILH、GEOSAIL、N-K 模型、MSRM、MCRM、ACRM、FRT 及 GO-RT 等的基础上，选用 ACRM、FRT 及 GO-RT 三类反射率模型。ACRM 模型将 MSRM 与 MCRM 相结合，不仅考虑了热点效应与叶片菲涅尔散射，且进一步考虑了两层植被的辐射传输问题，这也是大自然中最常见的植被类型。FRT 是基于 ACRM 开发的，应用于林地辐射传输模型。由于几何光学模型和辐射传输模型分别具有各自的优势，将几何光学模型在解释阴影投影面积和地物表面空间相关性上的基本优势和辐射传输模型在解释均匀介质中多次散射的优势结合起来形成 GO-RT 模型。

植被参数反演算法选取常用的三类算法：查找表(LUT)、人工神经网络(ANN)及最优化算法。查找表算法基于冠层反射率前向模型建立各不同植被参数值与反射率对应关系，然后通过从遥感影像上获取的不同波段的反射率信息查找感兴趣的植被参数。人工神经元方法通过使用样本数据对神经网络进行训练，再利用训练好的网络对参数进行反演。这两种方法反演的精度都依赖于建立的查找表的参数组合数量及训练样本的容量，但这影响反演的速度。最优化算法通过物理模型对输入参数的迭代，运行速率较查找表及人工神经网络慢，同时迭代结果易陷入局部最优而非全局最优，但这种方法具有较高的精度。

由于测量及模型的不确定性，基于植被物理模型的反演均为病态反演，即不同的参数组合可能得到几乎相同的反射率结果，致使不能较准确地反演获得关心的参数。因此，植被参数的反演需要解决病态反演问题，该研究计划从先验知识获取和模型敏感度分析来减少反演的不确定性。

针对研究区域实际情况应考虑三方面的内容。

(1) 充分收集实验区的辅助性信息。这些信息可以实际测得，也可以是关于实验区的一些卫星数据产品，如利用雷达对水的敏感性及某些波段的高穿透性，可定量地估计叶片水分含量(C_w)及定性地估计植被下垫面土壤的水分含量以减少植被背景反射率对植被参数的干扰。

(2) 根据研究区不同的植被分布类型选用不同的冠层反射率模型。如研究区植被为一维均匀浑浊分布的植被类型，可考虑使用辐射传输模型；如果几何特征明显，则考虑使用几何光学模型；如果介于两者之间则考虑使用辐射传输模型与几何光学模型的混合模型。随着卫星分辨率的逐步提高，对于植被的分布类型的区分除了通过实地的考察获得以外，高分辨率的遥感影像图也是获取植被分布类型的有效手段之一。

(3) 通过对研究区的实地考察，对研究区典型植被类型冠层的生物物理参数及生物化学参数分布范围有个大致了解，在使用到冠层反射率模型时能够确定这些参数的值或限定其范围。例如，通过对叶片倾角的抽样测量，能大致了解研究区植被叶片的叶倾角分布类型是水平型分布、竖直型分布，还是球型分布等；对植被下垫面土壤类型及土壤湿度的定性研究，可大致确定土壤反射率的范围等。

基于冠层反射率模型的物理模型反演方法，由于冠层反射率模型的输入参数较多，而对于这些参数有些可通过测量或从遥感影像数据中获得，而有些参数难以获得。模型参数敏感度分析是解决参数确定问题的有效手段之一。通过对模型参数的敏感度分析，提取不同参数对模型结果不同波段影响的程度，再根据不同波段卫星影像图，对某个波段不同的敏感程度赋予不同的关注程度。对于对模型结果有高敏感度的参数赋予较高的关注度，而对模型结果低敏感的参数可赋予经验值，对模型结果无影响的参数赋予合理任意值。

模型敏感度的分析方法大致分为两种：一种是局部敏感度分析；另一种是全局敏感度分析。前一种方法只需要变动关心的参数，然后通过其对模型结果的影响程度判断其敏感度，是一种定性的判别方法；后一种方法通过对模型参数整体分析，依次排列出不同参数的敏感程度，如 Sobol 及 EFAST (extended Fourier amplitude sensitivity test) 等方法，它是一种定量的判别方法。前一种方法由于判断方法简单，在以往的敏感度分析中得到了较多的应用，但这种方法不能体现参数之间的相互影响对模型结果影响，因此，现在的模型敏感度倾向于模型全局敏感性分析。

几种主要植被参数反演方案设计如下。

植被指数：利用 HJ-1 多光谱数据，计算 NDVI 和 EVI，比较分析两个植被指数，筛选合适的指数参与环境质量评价和叶面积指数的反演。为了消除大气的影响及不同时相的影响,将采用经过大气校正后的反射率数据,同时要对不同的季相进行归一化处理,以期具有可比性。

植被覆盖度和生物量:采用植被生物量导数光谱技术进行植被覆盖度和生物量的定量反演。针对国产 HJ-1 高光谱数据空间分辨率比较低(100 m)的不足,拟采用统计混合模型技术,通过利用高光谱与全色数据,构建一个同时顾及光谱分辨率与空间分辨率的能量模型,并采用极大后验估计 MAP/SMM 的优化技术,对高光谱数据增强与重建,以获取较高空间分辨率的高光谱数据。

叶面积指数:通过不同植被指数的构建和野外实地测量,基于 HJ-1A/B CCD 数据与主动遥感数据协同建立不同植被类型 LAI 的定量反演模型。由于天气、传感器等原因,一般不能保证每天的遥感数据,对于缺少数据的日期,考虑使用基于不同植被生长规律的时间滤波,以解决叶面积指数的不连续问题。本研究 LAI 产品拟采用联合统计模型法与 BRDF 理论模型进行 LAI 的反演。其中统计模型法采用的形式为

$$\text{LAI} = \ln\left(\frac{\text{VI} - \text{VI}_\infty}{\text{VI}_g - \text{VI}_\infty}\right) K_{\text{VI}} \tag{2-1}$$

式中,VI_∞ 为植被指数的渐进无穷值;VI_g 为裸土植被指数;K_{VI} 是消光系数。可供 LAI 定量计算的 VI 包括绝对比值植被指数 SR、归一化差值植被指数 NDVI 和垂直植被指数 PVI。在 BRDF 理论模型反演法中,拟采用 GeoSAIL 模型建立 LUT,利用图像像素值与遥感输入值匹配得到对应的 LAI 数值。

2.3.4　水 体 参 数

面向水体和湿地类型分类、水体悬浮物质浓度和叶绿素浓度等水质信息的定量提取,主要完成了水体和湿地类型分类与水质参数反演研究。

水体和湿地类型分类:通过不同涨落潮获取的多时相 HJ-1 多光谱数据的光谱特性及 SAR 数据不同的极化特性,分析水体及不同湿地类型的光谱、极化和纹理特征,构建水体、天然湿地、人工湿地等专家知识,建立水体和不同湿地类型的专题信息提取模型。

水质参数:利用 HJ-1 CCD 数据与根据实验室或现场的光谱测量和水质采样分析数据相结合,建立三层 BP 神经网络模型,以基于大气校正后的 HJ-1 CCD 数据各波段的反射率为输入层,输出水体悬浮物及叶绿素浓度等参数。

2.3.5　土 壤 参 数

基于光学遥感或被动微波遥感的土壤水分反演方法具有较高的时间分辨率,对土壤水分变化比较敏感,且数据处理简单,但其空间分辨率较低。而主动微波遥感方法具有较高的空间分辨率,对地表粗糙度和植被结构的变化响应显著,但数据处理复杂且重复观测频率低。因此,利用主被动传感器数据结合进行土壤水分反演,可以提高空间分辨率,并提高土壤水分的反演精度。研究针对环境评价因子中的土壤含水量因子,在综合分析光学与主动微波遥感各自优缺点的基础上,探索土壤含水量的主被动遥感协同反演方法。

1. 基于光学数据的反演方法

选取 MODIS 数据作为光学遥感数据源，反演得到区域土壤含水量信息。所用 MODIS 数据可通过 NASA 地球观测系统数据平台查询、定购和下载，并可根据云量初步判断数据质量选择时相。

对于质地均匀的地物，热惯量定义为

$$P = \sqrt{\rho c \lambda} \tag{2-2}$$

式中，P 为热惯量 $[J/(m^2 \cdot K \cdot S^{1/2})]$；$\rho$ 为密度 (kg/m^3)；c 为比热 $[J/(kg \cdot K)]$；λ 为热导率 $[W/(m \cdot K)]$。由于 ρ、c 和 λ 等特性的变化在一定条件下主要取决于土壤含水量的变化，因此，土壤热惯量与土壤含水量之间存在一定的相关性。一般来说，土壤含水量越大，c 和 λ 值越大，因而 P 越大。此外，土壤表面温度的日变化幅度（日较差）是由土壤内外因素所共同决定的，其内部因素主要是指反映土壤传热能力的热导率 λ 和反映土壤储热能力的热容量 c，而外部因素则主要指太阳辐射、空气温度、相对湿度、风、云、水汽等所引起的地表热平衡。其中，土壤湿度强烈控制着土壤温度的日较差，土壤温度日较差随土壤含水量的增加而减少。而土壤温度日较差可通过卫星遥感数据获得。因此，可以通过遥感数据所获得的热惯量和土壤含水量的关系来研究和估算土壤墒情。

在反演获得热惯量值后，需要建立热惯量与土壤水分的关系模型，从而达到监测土壤水分的目的。此关系模型的适合与否将直接影响到土壤水分遥感监测的精度。在实际应用时，常用表观热惯量 ATI 来代替真实热惯量，直接建立表观热惯量 ATI 与土壤含水量之间的遥感统计模式，最为简单明了，且应用较为广泛的经验公式有线性模型和指数模型：

$$W = a + b\text{ATI} \tag{2-3}$$

$$W = a + \text{ATI}^b \tag{2-4}$$

式中，W 为土壤水分；a、b 是回归系数；ATI 是热惯量。通过以上模式获取土壤热惯量后，根据热惯量与土壤水分间的密切关系，通过实测数据采用线性统计回归分析的方法建立经验公式，反演得到土壤表层水分的分布。

2. 基于主动微波数据的反演方法

L 波段电磁波信号对土壤表面的电磁特性十分敏感，特别是土壤介电常数对反射信号的强弱有着重要的影响，而介电常数与土壤水分之间存在直接关系，因此，可以通过 L 波段微波信号强弱来反演土壤含水量。

GPS 全球定位系统不仅能够为空间信息用户提供全球共享的导航定位信息，还可以提供源源不断的 L 波段微波信号，其反射的 L 波段微波信号能够反演土壤含水量。利用 GPS 反射信号反演土壤水分的基本原理是根据 GPS 反射信号功率和土壤介电常数的函数关系求得土壤介电常数，进而根据土壤介电模型反演得到土壤水分。

设 GPS 接收机接收到的反射信号功率为 P_r，直射信号功率为 P_d，地表反射率为 Γ_{GPS}，卫星掠射角为 γ，则有

$$\varGamma_{GPS} = P_r / P_d \tag{2-5}$$

在镜像反射点处，满足表面完全光滑，此时地表反射率为

$$\varGamma_{GPS} = |R(\gamma)|^2 \tag{2-6}$$

对于光滑表面，$R(\gamma)$ 可表示为垂直极化和水平极化结合的菲涅耳反射系数，有

$$R(\gamma) = \frac{1}{2}\left[R_v(\gamma) - R_h(\gamma)\right] \tag{2-7}$$

$$R_v(\gamma) = \frac{\varepsilon \sin\gamma - \sqrt{\varepsilon - \cos^2\gamma}}{\varepsilon \sin\gamma + \sqrt{\varepsilon - \cos^2\gamma}} \tag{2-8}$$

$$R_h(\gamma) = \frac{\sin\gamma - \sqrt{\varepsilon - \cos^2\gamma}}{\sin\gamma + \sqrt{\varepsilon - \cos^2\gamma}} \tag{2-9}$$

式中，ε 为土壤和水分混合介质的复介电常数，土壤含水量的变化会改变 ε 的实部与虚部。对于 GPS L 波段微波信号，ε 的虚部相对于实部而言，对介电常数的贡献微小，可以忽略不计，仅将 ε 的实部 εr 作为土壤的介电常数，即 $\varepsilon = \varepsilon r$。若通过 GPS 反射信号接收机测量得到反射信号功率 P_r 和直射信号功率 P_d，便可计算出土壤介电常数 ε。

根据 Hallikainen 等提出的土壤介电常数经验模型，将土壤的自然特征分为三类，即砂粒、粉粒和黏粒。土壤的介电常数是这三种土质的混合比例、含水量、微波频率参数的多项式组合，可以表述成如下形式：

$$\varepsilon = (a_0 + a_1 S + a_2 C) + (b_0 + b_1 S + b_2 C)m_v + (c_0 + c_1 S + c_2 C)m_v^2 \tag{2-10}$$

式中，S、C 分别代表土壤中沙粒和黏粒的百分比含量；a_i、b_i、c_i 代表多项式的加权系数，不同的工作频率加权系数不同，实部 ε' 和虚部 ε'' 的加权系数不同；m_v 是土壤体积含水量。对于 GPS L 波段微波频率，土壤介电常数 ε 可以用频率为 1.4GHz 条件下的经验公式进行近似表达，即

$$\begin{aligned}\varepsilon = &(2.862 - 0.012S + 0.001C) + (3.803 + 0.462S + 0.314C)m_v \\ &+ (19.003 + 0.500S + 0.633C)m_v^2\end{aligned} \tag{2-11}$$

在已知土壤质地参数 S、C 的情况下，可计算出土壤水分值。至此，建立了土壤水分和 GPS 反射信号功率的函数关系。

3. 主被动协同反演方法

研究探索结合 MODIS 和 GPS L 波段微波数据的土壤含水量协同反演方法。首先建立基于 GPS L 波段数据的土壤含水量空间分布模型，得到一定区域内多个离散点的土壤含水量，且能够得到多时间序列的土壤含水量区域分布情况。即在全天 24 小时中，取样间隔定为 2 小时，则可以得到 12 个该区域的离散点图。而 MODIS 数据则能够反演得到当天内过境时刻的区域土壤含水量分布图，该图像能够反映该区域内连续的土壤含水量分布情况。因此，研究探索空间域内的协同反演算法。在空间域内以格网为主要方式，以 MODIS 数据的反演结果加密 GPS L 波段数据的建模结果，形成区域内连续的准 GPS 数据土壤含水量时间序列，即通过协同反演方法，得到 12 幅土壤含水量分布"图谱"，

基于该"图谱"可进行进一步的分析，与当地的温度、蒸散发等因素联系起来，得到区域内土壤含水量的日变化规律。

2.3.6　冰　雪　参　数

1. 积雪的地面测量实验方案

积雪同步试验场大小为 1 km 积雪试验步积。研究区雪面较平整，便于遥感观测和试验人员采集数据。加强观测区采样方案如下。

首先按 500 m 为间隔分为 4 个栅格，同时组成 4 个试验小组，每个小组负责 1 个栅格内的任务。因为每个小组的采样方案类似，这里选取一个进行详细介绍。因 500 m 的任务栅格内以 100 m 为间隔分成 5 个间隔栅格。在选好的栅格内建立 X-Y 坐标系统，建立起始点，然后在 X-Y 方向各随机选择两个间隔为 5 m、10 m、15 m、20 m 或者 25 m 的断面点，保证 5 个点都在 100 m，保证两个栅格以内(对断面方向也做了定义，起始点在左下角，断面方向向北和向东，起始点在左上角，断面方向向南和向东，起始点在右上角，断面方向向南和向西，起始点在右下角，断面方向向北和向西)。其次，在 100 m 内(对断面的栅格内，每个小组随机选择两个重点加密观测区，以 10 m 为间隔选择 100 个观测点重点观测，每个研究区观测 315 个点，整个加强观测区共观测 1260 个点。此外，每个小组在各自采样区选取积雪较深的地方挖 1 个雪坑测量积雪内部参数。

每个小组的任务为 23 个 100 m 的栅格内的观测，每个栅格采集 5 组数据；2 个重点加密观测 100 m 内每个栅格，每个栅格采集 100 组数据；1 个雪坑，大小为 1 m。

2. 积雪参数的遥感反演

研究选取雪盖指数和积雪深度两个参数作为反映冰雪覆盖及雪水当量信息的评价因子，对其获取方法和反演技术进行探索。

雪盖指数：根据雪和云在可见光波段发射率相近，而在短波红外波段近乎相反的反射辐射特征，可建立增大云雪反差的归一化雪盖指数(NDSI)、差值雪盖指数(DSI)、比值雪盖指数(RSI)等雪盖指数。研究结合 MODIS 数据、HJ-1A/1B 星 CCD 影像和 IRS 数据的雪盖指数提取方法。在云层遮挡情况下，考虑结合被动微波数据(如被动微波辐射计 AMSR-E)获取雪盖指数信息，去除云的干扰，提高冰雪覆盖监测的精度。

积雪信息识别是获得地表积雪覆盖的首要步骤，也是雪水当量反演的基础。在雪盖判识方法中，监督分类法需要较多的人工干预，操作繁琐，对每幅图像都需要进行样本区的训练和分类，耗时费力，而且分类的结果依赖于分类者的先验经验，因而在快速、准确、自动化提取积雪信息方面存在一定的局限性。考虑到雪盖指数法和阈值法的优点，研究采用雪盖指数与阈值法结合的决策树积雪信息识别法。

1)基于 MODIS 的雪盖指数提取方法

在 MODIS 数据的 36 个通道中，雪与其他地表物体相比具有明显的光谱反射特征：在可见光中心波长为 $0.555\mu m$ 的通道 4 上形成反射峰，而在中心波长为 $1.64\mu m$ 的短波

近红外通道上形成反射谷。所以由 MODIS 数据通道 4 和 6 组合而成的归一化雪盖指数
NDSI 能够突出积雪信息。首先定义 MODIS 数据的 NDSI 和 NDVI 的值 I_{NDSI}、I_{NDVI}
如下：

$$I_{\mathrm{NDSI}} = \frac{R_4 - R_6}{R_4 + R_6} \tag{2-12}$$

$$I_{\mathrm{NDVI}} = \frac{R_2 - R_1}{R_2 + R_1} \tag{2-13}$$

式中，R_i 为 MODIS 第 i 波段反射率。

　　本算法主要关心积雪信息的提取，因此，首先按照积雪的光谱特征初步判识出积雪，
再逐步剔除其他的影响因素。一般情况下，积雪的 I_{NDSI} 比其他物体高得多，在非高密度
森林覆盖区域 $I_{\mathrm{NDSI}}>0.4$。但是，仅利用 NDSI 无法对积雪作出有效判识，这是因为：清
澈的水体在可见光波段反射率很高，但近红外波段水体的吸收作用使反射率很低，使
NDSI 值大于 0.4；图像上的暗物体，包括浓密的植被、低光照条件区域和阴影等，可见
光反射率很低，按计算公式得到的 NDSI 值大于 0.4，也会被误判为积雪。因此，需要
加入判别条件区分积雪与水体、暗物体。

　　区分积雪与水体可以利用 MODIS 数据的第 2 波段（841~875 μm）。积雪在第 2 波段
反射率大于 0.11，而水体在该波段强吸收，反射率小于 0.11。在 MODIS 第 4 波段设
定阈值 0.1 能够排除暗物体对积雪判识的影响。这是因为暗物体在 MODIS 数据第 4 波段
反射率远小于 0.1，而积雪的反射率大于 0.1。基于这些考虑，首先可以剔除具有较高 I_{NDSI}
但不是雪的像元。此时，地表和云雪判别算法可以写成：

$$f_{\mathrm{snow}} = \begin{cases} I_{\mathrm{NDSI}} \geqslant 0.4 \\ R_2 \geqslant 0.11 \\ R_4 > 0.10 \end{cases} \tag{2-14}$$

　　若三个条件都满足，则 f_{snow} 为真，则该像元被判定为云或雪。

　　由于图像还未进行云检测，需要剔除高云和低云，避免将云覆盖像元误判为积雪。
认为当 $I_{\mathrm{NDSI}} \geqslant 0.4$ 并且 $R_6 > 0.2$ 时能将雪从大多数模糊的高云中分离出来，但是不能区
分低云和雪。通过人机交互的反复试验，加入其他的组合判别模式，能够较好地区分低
云和雪。云和雪的检测判别过程如下：

$$f_{\mathrm{cloud}} = \begin{cases} I_{\mathrm{NDSI}} \geqslant 0.4 \\ R_6 \geqslant 0.20 \\ R_1 > 0.30 \end{cases} \tag{2-15}$$

　　若 f_{cloud} 为真，像元被判定为高云，否则继续用下式进行判别：

$$f_{\mathrm{cloud}} = \begin{cases} I_{\mathrm{NDSI}} \geqslant 0.0 \\ R_6 \geqslant 0.20 \\ R_2 > 0.20 \end{cases}, \ 或 \begin{cases} I_{\mathrm{NDSI}} > 0.4 \\ R_6 \geqslant 0.11 \end{cases} \tag{2-16}$$

　　若 f_{cloud} 为真，像元被判定为低云。

接下来需要剔除水体的影响,清澈的水具有较高的 INDSI 值,而 I_{NDVI} 值为负。水体在可见光波段具有较低的反射率,一般小于 0.3。在近红外、短波红外波段,水体几乎吸收全部的入射能量,反射率很低。因此,通过在 MODIS 第 1 波段(红光)和第 2 波段(近红外)设定阈值,结合 I_{NDSI} 值和 I_{NDVI} 值,能够识别并剔除水体的影响,如下:

$$f_{water} = \begin{cases} I_{NDSI} > 0.4 \\ R_2 \geqslant 0.11 \\ R_1 < 0.30 \\ I_{NDVI} < 0 \end{cases} \tag{2-17}$$

2) 基于被动微波辐射计的雪盖指数提取方法

被动微波积雪识别是利用地表物体在不同频率或同一频率不同极化下的亮温差的不同而进行。采用拟 Grody 算法来建立积雪分类树。首先利用散射系数 SI(scatter index)将散射体从地表区分出来,然后将积雪从其他散射体中区分出来。在前人利用 SSM/I 数据进行积雪识别研究的基础上,本研究拟通过对实验区地表特征的分析,确定了本区积雪判识分类树。积雪融化会使雪面亮温升高,微波穿透深度降低,散射信号减小,因此,研究过程中还需要减小积雪融化带来的误差。

积雪深度是指以水平面做参照面垂直测量得到的从雪层表面到雪下地面之间的距离,其单位是厘米。无论是平地还是坡地,积雪深度均以水平面做参考面垂直测量,但应给出百分比或度表示的山坡倾角。平地积雪厚度和深度一致,但山坡的积雪厚度是深度和山坡倾角余弦的函数。

雪水当量是指地面单位面积的雪柱,折合成相应面积上的水层厚度。雪水当量是积雪深度和积分密度的函数。因此,雪深和雪水当量表达的都是积雪的深度信息,两者可以互相转换。

① 浅雪区域的雪深反演

积雪深度与可见光波段的反射率之间存在较好的相关性,在雪深小于 20 cm 时,雪面的反射率随着积雪深度的增加而增加,两者间存在较好的线性关系。当雪深大于 20 cm 时,雪面反射率随深度增加缓慢,当积雪达到一定深度时,雪面的反射率趋于饱和。在短波红外波段,雪深变化对雪面反射率的影响不如可见光波段明显,但也存在一定的线性关系。MODIS 数据通道 1~7 能够正确反映研究区积雪的反射光谱特征,因此,能够利用 1~7 通道积雪反射率来反演雪深。

② 中雪区域的雪深反演

被动微波辐射计 AMSR-E 的 18GHz 和 36GHz 波段的亮温差与积雪深度之间具有较好的线性相关性,对中雪覆盖地表的冰雪厚度反演具有较高的精度,但当地表为浅雪和深雪覆盖时,其反演精度较低。因此,研究探索基于 AMSR-E 微波辐射计数据的中雪覆盖区域的雪深反演方法,可以提高雪深反演精度。

2.3.7　地　表　温　度

地表温度是很多灾害的指示因子和影响要素。地表温度与土壤温度、近地气温、光合作用、蒸散发、风形成、火灾危险等都有直接的关系，是地表能量平衡的重要参数，也是生态环境动态变化的主要影响因素。

1. 宽视场、单通道的地表温度反演方法

目前，宽波段单通道热红外数据反演地表温度的算法比较少，而针对环境卫星宽视场高分辨率红外相机的单通道算法，需要解决不同大气参数条件下的辐射传输计算，研究如何利用地面常规气象资料和基于卫星影像信息来剔除大气效应。本书结合不同角度下发射率产品，对宽视场情况下的红外数据进行大气校正和发射率校正，提出适用于环境卫星红外数据的单通道地表温度反演算法(图 2-2)，同时为火点监测、火灾监测等应用需求提供服务。

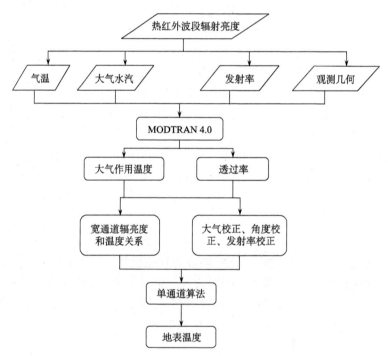

图 2-2　单通道地表温度反演算法流程图

2. 中红外和热红外结合的地表温度反演方法

环境卫星与 Landsat TM/ETM+和中巴资源卫星相似，只有一个热红外通道，在利用热红外数据反演地表温度时只能采用单通道算法，但与这些卫星数据不同的是，环境卫星还有一个 150 m 分辨率的中红外通道，因此，有效利用中红外通道信息以提高地表发射率提取和温度反演精度。中红外数据白天和夜晚均可成像，对于白天中红外数据而言，太阳辐射和地表发射的热辐射在同一个数量级上,夜晚的中红外数据跟热红外数据相似,可以只考虑地表和大气发射辐射。利用 Becker 和 Li(1990)提出来的白天/黑夜 TISI 算法,可以同时反演地表发射率和地表温度,要实现这种方法,必须解决 150 m 中红外数据和 300 m 热红外数据的空间分辨率和空间定位的匹配,云覆盖像元的剔除,二向反射率因子提取,发射率计算和温度反演等关键技术(图 2-3)。

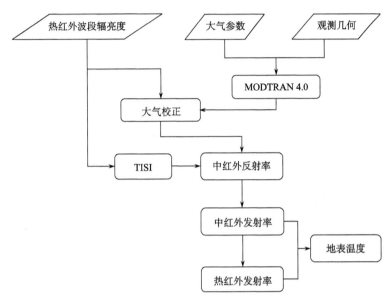

图 2-3　中热红外结合的白天/夜晚地表温度反演算法流程

本研究地表温度反演数据源主要采用中巴资源卫星 IRMSS 热红外数据和环境与减灾小卫星 HJ-1B 热红外数据,对目前既有并经过验证的反演算法进行比较分析,通过实地验证选取最佳算法进行应用示范。针对中巴资源卫星数据 IRMSS 的地表温度反演,主要根据其热红外通道特性,采用改进的普适性单通道地表温度反演算法。针对环境与减灾小卫星 HJ-1B 热红外数据,研究主要根据 HJ-1B 热红外波段响应特性重新进行拟合后的改进的 QK&B 方法(包括三个部分的改进:一是系数的修订;二是大气透过率估算方程的修订;三是大气平均作用温度估算方程修订,该方程通过 MODTRAN4 模拟得到)来进行地表温度反演。

2.3.8　地表反照率

核驱动模型是广泛用于地表二向性反射研究的模型,它用有一定物理意义的核的线性组合来拟合地表的二向性反射特征,用三个常系数分别表示各向均匀散射、几何光学散射、体散射这三部分所占比例(权重),通过线性回归,反演出拟合观测数据最优系数,然后通过核的外推可求出任意光线入射角和观察角的二向反射。

研究拟基于 HJ-1 数据大幅宽、倾斜成像及快速重访的特性可以在较短时间范围内获得同一区域的 BRDF 观测等特点,采用基于地表分类的核函数模型进行地表反照率信息提取。将地表划分为具有一定几何形状的离散分布的反射体和水平分布的植被冠层两种状态，分别用几何光学模型和辐射传输模型描述。利用对同一地区连续观测的多景 HJ-1A/B CCD 影像，构建多角度和多光谱的核函数，从而将核系数表达为只与冠层或地表结构参数相关的量，同时在波长和角度二维上进行积分，再由核系数及波段下行辐射进行加权平均，得到全波段的反照率。

2.3.9　地　形　因　子

当前 DEM 研究通常选取高精度高程数据源 LiDAR 和中低分辨高程数据 SRTM DEM、ASTER GDEM，采用规则格网(GRID)组织 DEM 数据，提取典型生态脆弱区的宏观地形因子(海拔高度、地形起伏度、地表粗糙度、高程变异系数等)和微观地形因子(坡度、坡向、表面曲率等)。

1. LiDAR 数据获取高精度 DEM 数据的滤波算法

分析传统的基于小波分层思想的滤波方法和基于稳健线性估计的滤波方法的基础上，采用小波分层稳健线性估计滤波方法提取高精度 DEM 数据。即用小波分层滤波法来克服稳健线性估计法不能有效剔除粗差的缺陷，同时用稳健线性估计法来克服小波分层滤波中对所建立的参考面缺少必要的修正手段的不足，从而有效地对 LiDAR 数据进行滤波，取得效果较好的 DEM 数据。

2. 地形因子提取方法尺度效应

在传统地形因子提取方法(二阶差分、三阶不带权差分、Frame 差分等)的基础上，分析不同空间尺度地形因子提取方法的适用性。使用小波变换揭示其多尺度空间格局，分析不同尺度分辨率 DEM 所提取的地形因子的信息量变化规律，建立基于互信息的精度指标。

3. 基于 RTK 与地面激光雷达混合测量的地形因子提取方法

为了获得研究区内更高精度的 DEM 数据，进而获取研究区的地形因子，需要综合利用实时动态控制系统(RTK)与地面激光雷达进行混合测量。

2.4　小　　　结

本章主要介绍典型脆弱区的选取和遥感数据的处理及指标参数因子的遥感反演。首先介绍了本书研究中对于五类典型的生态脆弱区各自应用示范地选取的原则和结果；然后介绍了本书所使用的主被动遥感数据及其预处理。在此基础上，进一步详述了常见的指标参数因子的地面测量方案及遥感反演技术方法，包括地物光谱反射率、微波辐射波谱、植被参数、水体参数、土壤参数、冰雪参数、地表温度、地表反照率以及地形因子等。本章是后续章节中基于多源数据协同反演指标因子以及构建综合评价技术指标体系的基础。

第3章　脆弱区生态环境参数遥感反演

充分利用主被动遥感反演技术的优势，以国产数据为主要数据源，针对脆弱区生态环境参数进行反演，包括植被、水体、冰雪、土壤含水量、光谱反射率、地表温度等。面向主被动多源遥感数据的应用需求，本章实现了数据同化和数据融合算法的研发和应用，为多源遥感数据信息的综合处理提供了基本保障。在所设定的 5 个生态脆弱区内，通过对国际上通用的环境参数主被动遥感协同反演模型的调研，结合国产卫星数据的参数特征，采用地面实测验证、模型间相互验证、模型产品对比验证等手段，遴选和研发了一系列高精度环境参数反演模型。

3.1　多源遥感数据融合算法

3.1.1　IHS 融合算法

IHS（Intesity-Hue-Saturation）融合算法适用于三个波段的多光谱数据和高分辨率的全色数据融合（图 3-1）。

首先，三个波段数据由 RGB 空间转化为 IHS 空间得到 I（亮度）、H（色度）、S（饱和度）三个分量。

其次，全色数据与亮度分量进行直方图匹配，匹配后的全色数据代替亮度分量。

最后，新的亮度分量（I′）与色度和饱和度分量一起逆变换到 RGB 的空间，便得到三个波段的高分辨率的融合数据。

IHS 变换公式如下所示：

$$
\begin{bmatrix} \mathrm{DN}_{\mathrm{PAN}}^{l} \\ V_1 \\ V_2 \end{bmatrix} = \begin{bmatrix} \dfrac{1}{3} & \dfrac{1}{3} & \dfrac{1}{3} \\ \dfrac{-1}{\sqrt{6}} & \dfrac{-1}{\sqrt{6}} & \dfrac{1}{\sqrt{6}} \\ \dfrac{1}{\sqrt{6}} & \dfrac{-1}{\sqrt{6}} & 0 \end{bmatrix} \begin{bmatrix} \mathrm{DN}_{\mathrm{MS_1}}^{l} \\ \mathrm{DN}_{\mathrm{MS_2}}^{l} \\ \mathrm{DN}_{\mathrm{MS_3}}^{l} \end{bmatrix}
\tag{3-1}
$$

式中，$\mathrm{DN}_{\mathrm{MS}_i}^{l}$（$i$=1, 2, 3）为多光谱第 i 个波段的像素值；$H = \tan^{-1}[V_2 / V_1]$；$S = \sqrt{V_1^2 + V_2^2}$，其逆变换为

$$
\begin{bmatrix} \mathrm{DN}_{\mathrm{MS_1}}^{h} \\ \mathrm{DN}_{\mathrm{MS_2}}^{h} \\ \mathrm{DN}_{\mathrm{MS_3}}^{h} \end{bmatrix} = \begin{bmatrix} 1 & \dfrac{-1}{\sqrt{6}} & \dfrac{3}{\sqrt{6}} \\ 1 & \dfrac{-1}{\sqrt{6}} & \dfrac{-3}{\sqrt{6}} \\ 1 & \dfrac{2}{\sqrt{6}} & 0 \end{bmatrix} \begin{bmatrix} \mathrm{DN}_{\mathrm{PAN}}^{h'} \\ V_1 \\ V_2 \end{bmatrix}
\tag{3-2}
$$

式中，$DN_{MS_i}^h$（i=1, 2, 3）为融合结果第 i 个波段的像素值。

把上述两式结合得到 IHS 融合的一般表达式为

$$\begin{bmatrix} DN_{MS_1}^h \\ DN_{MS_2}^h \\ DN_{MS_3}^h \end{bmatrix} = \begin{bmatrix} DN_{MS_1}^l \\ DN_{MS_2}^l \\ DN_{MS_3}^l \end{bmatrix} + (DN_{PAN}^{h'} - DN_{PAN}^l)\begin{bmatrix} 1 \\ 1 \\ 1 \end{bmatrix} \tag{3-3}$$

式中，$DN_{PAN}^l = (1/3)(DN_{MS_1}^l + DN_{MS_2}^l + DN_{MS_3}^l)$；$DN_{PAN}^{h'}$ 是与 DN_{PAN}^h 直方图匹配后的数据。

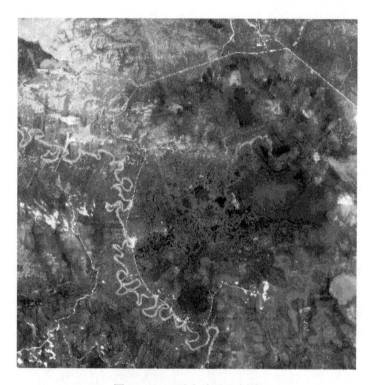

图 3-1　IHS 融合结果示意图

3.1.2　PCA 算 法

PCA（principle component analysis）即主分量分析，也叫 K-L 变换。PCA 算法适用于多个波段的多光谱数据和高分辨率的全色数据融合（图 3-2）。

首先对多光谱数据进行 PCA 反变换得到 PCA 分量，其中第一主成分分量 PCA$_1$ 包含了原多光谱数据的大量信息（主要是空间信息）。PCA 变换矩阵是由多光谱数据的协方差矩阵或相关矩阵的特征向量组成的。

将高分辨率的数据与第一主成分分量 PCA$_1$ 做直方图匹配，并将匹配后的高分辨率数据代替 PCA$_1$ 分量，将新的 PCA$_1$ 分量与其余主分量做逆分量变换，便得到融合的数据。

PCA 变换公式为

$$
\begin{bmatrix} PC_1 \\ PC_2 \\ \vdots \\ PC_n \end{bmatrix} = \begin{bmatrix} v_{11} & v_{21} & \cdots & v_{n1} \\ v_{12} & v_{22} & \cdots & v_{n2} \\ \vdots & \vdots & & \vdots \\ v_{1n} & v_{2n} & \cdots & v_{nn} \end{bmatrix} \begin{bmatrix} DN_{MS_1}^{l} \\ DN_{MS_2}^{l} \\ \vdots \\ DN_{MS_n}^{l} \end{bmatrix}
\tag{3-4}
$$

式中，$DN_{MS_i}^{l}$（$i=1, 2, \cdots, n$）为多光谱影像第 i 个波段的像素值。变换矩阵 V 的每一行为协方差矩阵或相关矩阵的一个特征向量。

PCA 逆变换为如下表示

$$
\begin{bmatrix} DN_{MS_1}^{h} \\ DN_{MS_2}^{h} \\ \vdots \\ DN_{MS_n}^{h} \end{bmatrix} = \begin{bmatrix} v_{11} & v_{12} & \cdots & v_{1n} \\ v_{21} & v_{22} & \cdots & v_{2n} \\ \vdots & \vdots & & \vdots \\ v_{n1} & v_{n2} & \cdots & v_{nn} \end{bmatrix}
\tag{3-5}
$$

式中，$DN_{MS_i}^{h}$（$i=1, 2, \cdots, n$）为融合结果第 i 个波段的像素值。

正变换代入逆变换公式得到

$$
\begin{bmatrix} DN_{MS_1}^{h} \\ DN_{MS_2}^{h} \\ \vdots \\ DN_{MS_n}^{h} \end{bmatrix} = \begin{bmatrix} DN_{MS_1}^{l} \\ DN_{MS_2}^{l} \\ \vdots \\ DN_{MS_n}^{l} \end{bmatrix} + (DN_{PAN}^{h'} - DN_{PAN}^{l}) \begin{bmatrix} v_{11} \\ v_{21} \\ \vdots \\ v_{n1} \end{bmatrix}
\tag{3-6}
$$

式中，$DN_{PAN}^{l} = PCA_1$，$DN_{PAN}^{h'}$ 是与 PCA_1 直方图匹配后的。

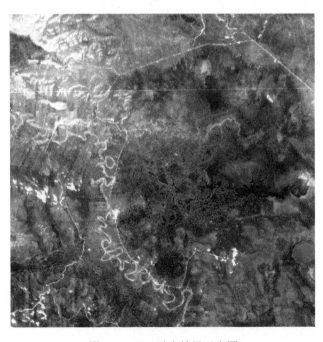

图 3-2 PCA 融合结果示意图

3.1.3　LS-GIF-WC 算法

基于该算法进行融合，首先需要对原始多光谱影像进行分类，将图像像素归为不同的类别，然后将全色数据降采样至低分辨率，利用最小二乘法对不同类别的地物分别估计出全色像素和多光谱像素的线性关系。算法具体步骤如下。

首先降采样全色数据至与多光谱数据同样像素大小；然后将原始多光谱分为 N 类地物，令属于某同一种地物像素有 m 个，全色波段和多光谱波段的像素矩阵值表达如下：

$$\boldsymbol{P}=[\,p_1 \quad p_2 \quad p_3\,]$$

$$\boldsymbol{M}=\begin{bmatrix} M_{11} & \cdots & M_{1m} \\ \vdots & & \vdots \\ M_{n1} & \cdots & M_{nm} \end{bmatrix} \tag{3-7}$$

式中，$\boldsymbol{P}$ 为全色波段的向量表示；$\boldsymbol{M}$ 为多光谱数据，其元素 $\boldsymbol{M}_{ij}$ 表示第 i 个波段的第 j 个像素的 DN 值。$\boldsymbol{A}=[\omega_1,\omega_2,\cdots,\omega_n]$，则

$$\boldsymbol{P}=\boldsymbol{A}\cdot\boldsymbol{M} \tag{3-8}$$

利用最小二乘法求解上式得到 A 如下式：

$$\boldsymbol{A}=\boldsymbol{P}\cdot\boldsymbol{M}^{\mathrm{T}}\cdot(\boldsymbol{M}\cdot\boldsymbol{M}^{\mathrm{T}})^{-1} \tag{3-9}$$

对每一类像素都进行第三步操作，求出每一类地物对应的 $\boldsymbol{A}$，在此基础上对多光谱数据进行升采样并进行分类，最后对各类别的像素，基于获得的相应的线性关系系数求出低分辨率的全色像元值。

三个变量升采样的多光谱数据、原始全色数据和低空间分辨率的全色数据输入到用 GIF 框架得到融合结果，如图 3-3 所示。

3.1.4　MTF 融合算法

基于 MTF（modulation transfer function）融合方法进行数据融合主要包括以下几步。

(1) 求原始多光谱数据的亮度成分；

(2) 根据 MTF 曲线设计二维低通滤波器，将 MTF 曲线旋转，得到二维的低通滤波器；

(3) 对亮度作傅里叶变换在频率域进行 MTF 低通滤波求得估计的低空间分辨率的全色数据；

(4) 将采样后的原始多光谱数据和估计的低空间分辨率的全色数据导入 GIF 框架模型，得到融合结果。

高空间分辨率的多光谱数据和高光谱分辨率的高光谱数据融合之后得到同时具有高空间分辨率和高光谱分辨率的数据。采用的融合方法有联合非负矩阵分解 CNMF（coupled nonegative matrix factorization）和最小二乘法（least square）。

多光谱和高光谱数据融合技术路线如图 3-4 所示。

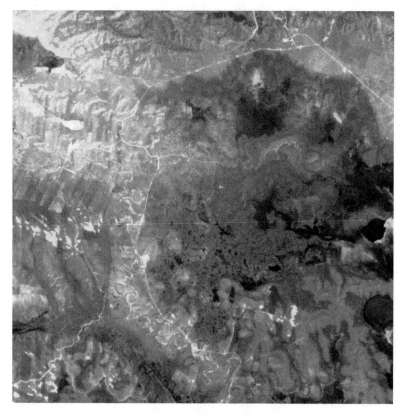

图 3-3 　LS-GIF-WC 融合结果示意图

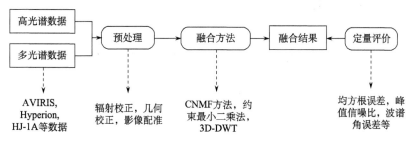

图 3-4 　多光谱和高光谱数据融合技术路线

　　高空间分辨率的多光谱数据和高空间分辨率的高光谱数据经过校正、配准等预处理后经过一定的融合算法处理后得到高空间和高光谱分辨率的融合数据，并结合相应的定量评价指标对其进行评价。其流程如图 3-5 所示。

　　经过预处理的高光谱数据和多光谱数据，需要再经过负值处理才能参与融合。融合的方法有约束最小二乘法和联合非负矩阵分解算法(图 3-6)。

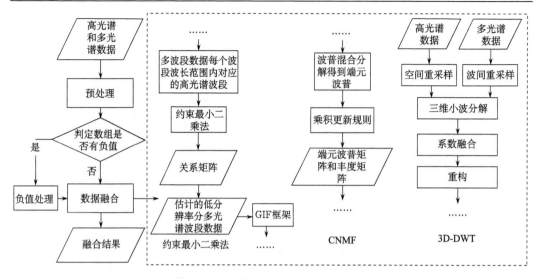

图 3-5　多光谱和高光谱数据融合流程

图 3-6　联合非负矩阵分解方法的融合结果

3.1.5　约束最小二乘法和联合非负矩阵分解方法

约束最小二乘法通过估计多光谱数据与相应波谱范围内的高光谱波段数据的线性约

束关系矩阵，进而估计出高空间分辨率的高光谱数据。联合非负矩阵分解方法首先对参与融合的高光谱数据通过 VCA 分解算法进行分解得到端元波谱矩阵和端元丰度矩阵。按照乘法更新规则，通过 NMF 交替地分解低空间分辨率高光谱数据和高空间分辨率的多光谱数据。每一步的分解过程进行更新迭代，使收敛条件达到给定的阈值。通过这种更新规则，最终获得端元光谱矩阵和高空间分辨率的丰度矩阵。将两个矩阵相乘得到高分辨率的高光谱影像(图 3-7)。

图 3-7　约束最小二乘法和联合非负矩阵分解方法的融合结果

3.2　多源遥感数据同化技术

3.2.1　基于集合卡尔曼滤波的高原湿地植被叶面积指数时序模拟

1. 数据集及预处理

数据集包括两类数据：一类是野外实测数据；另一类是遥感卫星影像数据。其中，野外实测数据及其预处理与 2.1.2 节描述相同，不在此赘述。实验中使用的遥感影像数据为 MODIS 下午星 Aqua 从年积日 (day of year，DOY) 137~297 天总共获取的 11 幅 16 天合成 250 m 空间分辨率的植被指数产品(MYD13)。由于研究区地处高原，四季天空较为晴朗，遥感影像图中云层较少，并且通过 MODIS 自带 QC 文件也显示该研究区的遥感影像数据质量较好，满足实验要求。对于遥感影像数据的预处理工作，由于 MODIS 已提供相应的反射率或植被指数数据产品，因此，不需对其进行大气校正。本实验中只针对 11 幅研究区遥感影像图进行了坐标投影转换处理，将其投影转换到 UTM 46 区、WGS-84 坐标系，并对研究区域进行裁剪（图 3-8）。

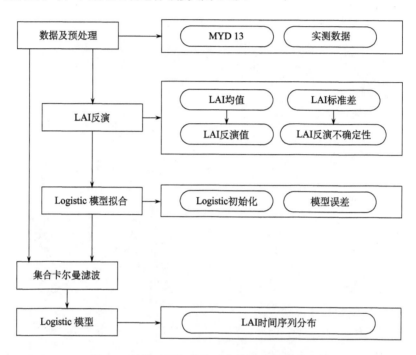

图 3-8　植被叶面积指数时序模拟总体技术路线

2. 植被 LAI 遥感定量反演

由于 NDVI 对植被的高灵敏性，本实验中使用遥感影像 NDVI 值作为数据源反演植被 LAI 值。但是，当 LAI 值过高时（LAI>4.0），NDVI 值逐渐趋于饱和状态；当 LAI 值过低时（LAI<0.5），NDVI 对 LAI 的值过于敏感，两者都不适用于 LAI 反演。但从研究区实地采样情况来看，研究区只有少部分区域植被的 LAI 值大于 4.0，对于一年生的草本植物而言，大部分植被的 LAI 值都介于 1~3 之间。因此，针对本研究区域植被的特殊性，使用 NDVI 值作为反演研究区植被 LAI 的数据源。

本实验中的 LAI 反演方法依然使用基于物理模型的植被参数反演方法（He et al.，2013），这包括物理模型及反演算法两部分内容。如前所述，本研究中使用的植被冠层反射率模型仍然为 ACRM 模型，模型参数初始值及相应取值范围见表 3-1。反演中设定的自由变量为 LAI、Sz、S_1、N、Cab 及 Cm，并通过先验知识限定其取值范围。模型其他输入参数值一部分通过图像头文件信息、相关行业部门提供；另一部分参数由于对近红外及红波段反射率不敏感，设定为默认值。

表 3-1　ACRM 模型参数初始值及其取值范围

参数	单位	符号	取值	步长
太阳天顶角	(°)	θ_S	20.72	
观测天顶角	(°)	θ_v	4	
相对方位角	(°)	θ_{raz}	218.24	
Ångström 浑浊系数		β	0.12	
上层 LAI	m²/m	LAI	0~6	0.1
下层 LAI	m²/m	LAI_g	0.05	
LAD 平均值	(°)	θ_l	60	
热点效应		S_L	0.5/LAI	
Markov 参数		Sz	0.2.3~1.0	0.2
第一基函数权重		S_1	0.25~0.45	0.05
叶片结果参数		N	1.0~2.4	0.2
叶绿素 a+b 含量	μg C/m²	C_{ab}	30~90	10
叶片等水分厚度	Cm	C_w	0.015	
干物质含量	g/m²	C_m	40~110	10
棕色素组分		C_{bp}	0.4	

反演算法仍为查找表算法，通过自由变量的自由组合，生成一组联系模型主要输入参数与近红外及红波段反射率的数据集，再根据代价函数及遥感图像反向运算求得相应目标参数值。其中，构建的代价函数为

$$\chi = \sqrt{\sum_{j=1}^{m}(NDVI^* - NDVI)^2} \pm \varepsilon \qquad (3\text{-}10)$$

式中，$NDVI^*$ 为模拟 NDVI 值；NDVI 为遥感图像 NDVI 值；ε 为容许误差，本实验中设定为 0.01。

由于病态反演的问题，反演的结果为一组 LAI 分布，而非单一确定 LAI 值，且反演得出的每个 LAI 值在总体 LAI 中占有不同的比例。通过对多组反演结果进行制图可得出 LAI 概率分布图。本实验中，假定这组 LAI 值服从正态分布，其均值作为反演结果将用于 Logistic 模型的参数拟合，标准差作为反演结果的不确定性将引入到同化过程中(图 3-9)。

3. 动态模型拟合

由于 Logistic 模型能够很好地模拟一年生草本植被的生长曲线，因此，常用于描述草本类型植被，如农作物生长。实际应用中，可根据植被具体生长情况，使用单 Logistic 模型或双 Logistic 模型对植被生长状况进行模拟。本实验中使用的动态模型为拟合的单 Logistic 模型，其模型的表达式为

$$Y(t) = \frac{k}{1 + e^{at^2 + bt + c}} \qquad (3\text{-}11)$$

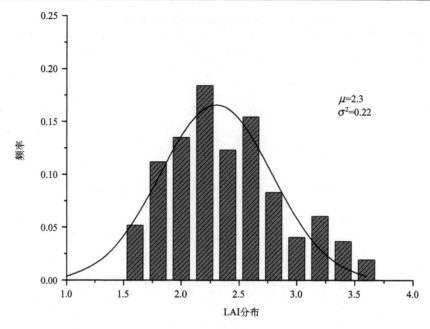

图 3-9 病态反演问题导致反演结果不确定性的分布特征

式中，a、b 及 c 为待拟合的模型参数值；k 在本实验中为芦苇一年中 LAI 最大值；t 为 DOY。由于集合卡尔曼滤波算法中要求的动态模型一般为状态变量模型，因此，将上式改写成动态模型形式，即为

$$Y(t+1) = \frac{Y(t)[1 + e^{at^2+bt+c}]}{1 + e^{a(t+1)^2+b(t+1)+c}} \tag{3-12}$$

通过多时相遥感卫星影像数据反演获得的 LAI 值将用于此模型中参数 a、b 及 c 的拟合，采用的拟合算法为最小二乘算法，拟合的误差将作为模型误差引入到同化过程中。图 3-10 展示的是根据一组 LAI 值拟合 Logistic 模型得到的结果。从图中可看出拟合的 LAI 变化曲线能够很好地表征 LAI 在一年中的分布情况。

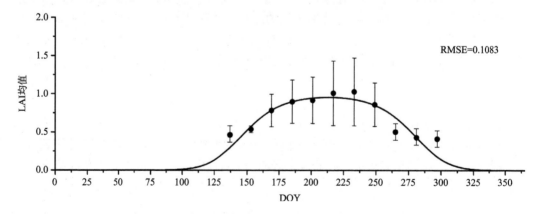

图 3-10 通过一组时间序列 LAI 值拟合 Logistic 模型结果

4. 集合卡尔曼滤波算法

在卡尔曼滤波中，假定动态模型为线性模型，这样的假定能够直接计算预测值背景场误差矩阵，即假定 t 时刻模拟值的背景场误差服从高斯分布。根据高斯分布线性变换不变性原理，经线性模型运算到 $t+1$ 时刻时，预测值的背景误差矩阵同样服从高斯分布，并能够计算其均值及方差值。但是，对于非线性动态模型，高斯分布的背景场误差经非线性运算之后不一定再具有高斯分布的特征。针对这一问题提出的集合卡尔曼滤波算法是基于蒙特卡罗模拟的思想，通过一组粒子模拟状态变量的先验概率密度，然后通过动态模型的演进，最后获得下一时刻目标参数值的后验概率密度分布。即通过非线性模型运算后粒子的均值及方差达到获取预测值的后验概率分布特征的目的，从而克服了集合卡尔曼滤波算法对非线性模型不适用这一问题。集合卡尔曼滤波算法流程简要介绍如下。

从算法描述中可以看成，集合卡尔曼滤波同卡尔曼滤波的原理一样，都是基于最小方差估计，其不同之处在于对预测值后验概率描述的不同。本书中使用的 Logistic 模型为非线性模型，因此，不能使用卡尔曼滤波算法，而采用的是集合卡尔曼滤波算法。

算法：集合卡尔曼滤波（EnKF）

算法输入变量：模拟粒子数、Q、R、y、X_0、P^0

算法输出：$\overline{X^a}$

步骤如下。

初始化：设定参量 X_0、P^0 及模拟粒子数目，并对 X_0、P^0 进行计算机采样获取描述其概率分布的一组粒子。

第一步　通过状态变量模型演进，计算下一时刻所有粒子的模拟值。

$$X^f_{i,t+1} = M(X^a_{i,t}) + w_{i,t} \tag{3-13}$$

式中，$w_{i,t} \sim N(0, Q_t)$

第二步　计算卡尔曼增益矩阵。

$$K_{t+1} = P^f_{t+1} H^T (H P^f_{t+1} H^T + R_t)^{-1} \tag{3-14}$$

式中，$P^f_{t+1} = \dfrac{1}{N-1} \sum_{i=1}^{N} (X^f_{i,t+1} - \overline{X^f_{t+1}})(X^f_{i,t+1} - \overline{X^f_{t+1}})^T$

第三步　计算状态变量的分析值 $\overline{X^a_{i,t+1}}$ 及背景误差矩阵 $P^a_{i,t+1}$。

$$X^a_{i,t+1} = X^f_{i,t+1} + K_{t+1}[y_{t+1} - H(x^f_{i,k+1}) + v_{i,t+1}] \tag{3-15}$$

式中，$v_{i,t} \sim N(0, R_t)$

$$\overline{X^a_{t+1}} = \frac{1}{N} \sum_{i=1}^{N} X^a_{i,t+1} \tag{3-16}$$

$$P^a_{t+1} = \frac{1}{N-1} \sum_{i=1}^{N} (X^a_{i,t+1} - \overline{X^a_{i,t+1}})(X^a_{i,t+1} - \overline{X^a_{i,t+1}})^T \tag{3-17}$$

第四步　从第一步开始进行循环迭代，直到没有新的观测值 y 时为止。

集合卡尔曼滤波算法的公式中涉及的符号解释如下：M 是动态模型算子，即为 Logistic 模型；w 是动态模型的误差矩阵，在本实验中将其假定为符合 0 均值，方差为 Q 的高斯分布；H 是观测算子，即将参数空间前向转换观测空间，或者将观测空间后向转换到参数空间，本实验中的观测算子为 ACRM 模型；v 是观测值 y 的误差矩阵，同样假定为符合 0 均值，方差为 R 的高斯分布；K 是卡尔曼增益；y_t 是在 t 时刻的观测值；X_0 是初始目标参数空间，为自由变量，可设定为默认值；$X_{i,t+1}^f$ 为 X_0 在 $t+1$ 时刻第 i 个粒子的预测值；$\overline{X_{t+1}^a}$ 为 $t+1$ 时刻 X_0 的平均分析值；P^0 为初始背景场 X_0 的误差矩阵；P_{t+1}^f 为预测 $X_{i,t+1}^f$ 的背景误差矩阵；P_{t+1}^a 为分析场 $X_{i,t+1}^f$ 的背景误差矩阵（图 3-11）。

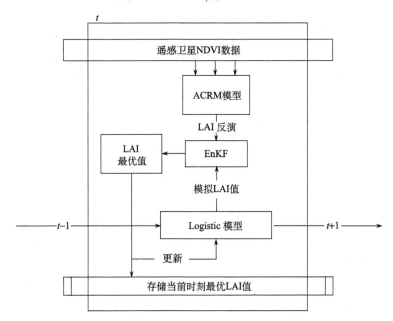

图 3-11　集合卡尔曼滤波算法流程图

5.　乌图美仁大草原植被 LAI 数据同化结果

本小节基于上述步骤中反演获取的不同年积日 LAI 数据及其对应的误差、模型模拟 LAI 及模型误差，利用集合卡尔曼滤波算法，将其同化进入拟合的 Logistic 模型之中，使模型在相对正确的轨迹上运行，最终获取 LAI 的时序信息（图 3-12）。实验中使用 100 个粒子描述 Logistic 模型状态变量的先验概率分布及经模型运算后的后验概率分布，通过计算其均值及方差来表征其最终优化结果及其不确定性，以对 Logistic 模型状态变量进行实时更新。更新后的 Logistic 模型对研究区从 DOY 第 137 天到 297 天期间的 16 天合成 LAI 得到最优模拟结果分布。任意选取图像上的 4 个像元经同化处理前后的对比，从图 3-13 中可以看出，同化后的 LAI 分布曲线更符合自然界草本类型植被实际的生长情况。

图 3-14 显示的为 2011 年 7 月下旬利用数据同化后得到 LAI 值与实测 LAI 值对比结果。从图中显示的结果来看，数据同化后的 LAI 值其精度较定量反演得到的 LAI 值低：数据同化后的 LAI 值与实测值的相关系数 R^2 为 0.79，均方根误差 RMSE 为 0.30，而定

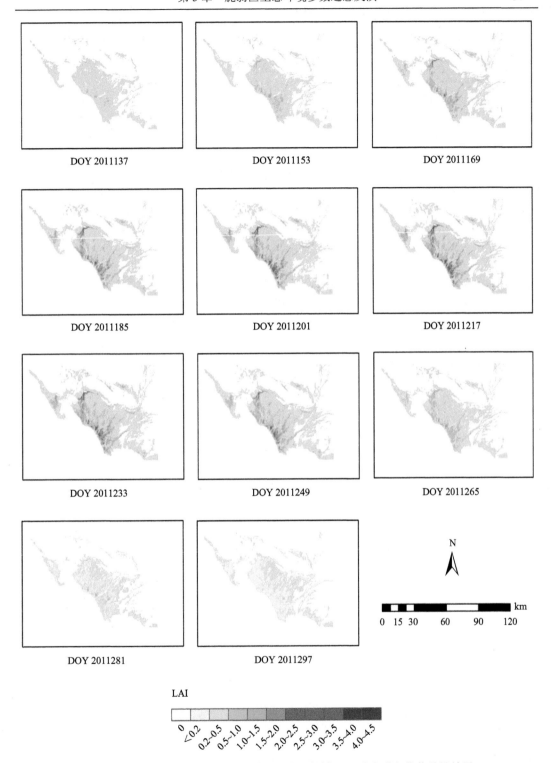

图 3-12　利用集合卡尔曼滤波算法对研究区植被 LAI 分布进行优化估计结果

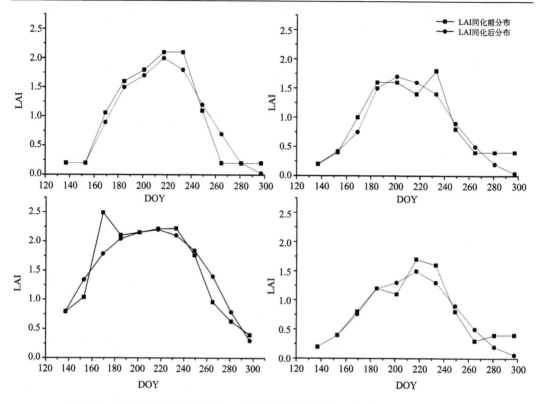

图 3-13　任意选取遥感图像上的 4 个像元经同化优化前后研究区植被 LAI 分布图

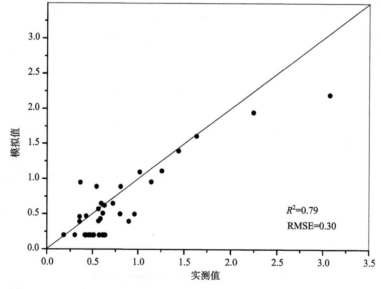

图 3-14　2011 年 7 月下旬研究区植被同化 LAI 值与实测 LAI 值对比结果

量反演后的 LAI 值与实测值的相关系数为 0.82，均方根误差为 0.25。造成上述问题的原因可能为：①使用的遥感影像数据不同，第 3 章定量反演中使用的遥感影像数据为 MODIS 上午星 Terra 数据，而同化流程中使用的是 MODIS 下午星 Aqua；②定量反演只是针对单时刻点研究区 LAI 值的最优反演,而数据同化可认为是一种在全局角度上的最优化处理,可能使得某些局部点的 LAI 值不是最优值;③误差的来源不同,定量反演结果误差来源于遥感数据、实测数据、数据预处理、植被冠层反射率模型、反演算法等方面,而本实验中的误差来源除上述误差之外还包括动态模型及同化算法等方面的误差。

在同化流程中,针对同化算法低效性问题,本研究使用拟合的 Logistic 模型,而不是植被生长模型来模拟植被的 LAI 值在时间序列上的变化特征。这是由于:①研究区植被的种类较为单一、部分区域植被分布较为均匀,可以使用拟合模型对植被生长进行模拟;②一般的植被生长模型,如 WOFOST、DSSAT 等具有非常庞大的输入参数集。对于缺乏较多先验知识的本研究区来讲,如何确定这些模型输入参数是非常困难的,输入参数的难以确定必将导致同化结果的不确定性增大。在使用集合卡尔曼滤波算法时使用了 100 个粒子模拟状态变量参数的先验概率密度及经动态模型运算后的状态变量的后验概率密度。增大粒子的数目在一定程度上能够提高同化结果的精度,但这也将相应地降低运算速率。

本实验中用于同化的观测数据为单一的 MODIS Aqua 数据,并未使用多源的遥感数据。但从同化技术本身的适用性来讲,可以对多源的遥感数据进行同化处理,包括对不同传感器、不同时空分辨率的遥感影像数据进行同化。但是,对于不同类型、时空分辨率的多源遥感数据来讲,如何对其最小单位的像元值尺度进行统一及对其观测误差进行表征将是一个难点,这将在今后的研究中进行探索。

本实验同化流程中使用的同化算法为集合卡尔曼滤波算法,这种算法相对于四维变分法,其显著的优点在于计算速率的高效性。四维变分算法由于需对动态模型的伴随模型进行反复迭代,计算速率相当低下,但四维变分算法能够对获取的植被时间序列曲线起平滑的作用,而集合卡尔曼滤波算法则只进行优化而不对其曲线进行平滑。但是,从本研究实验结果来看,同化后得到的时间序列曲线同样符合自然界植被实际生长变化的情况,使用四维变分算法得出的植被 LAI 变化曲线可能会更加平滑。

3.2.2　基于傅里叶算法 MODIS LST 数据质量改进

1. 数据质量改进的必要性

MODIS 地表温度(LST)数据获得过程中受到多方面因素的影响。首先,在摄影测量和遥感中,由于传感器结构的缺陷或成像方式的特点,获取的图像常常会出现局部信息缺失的现象:如传感器本身的缺陷导致坏像素;或者地物的成像光线受到其他物体的阻挡而无法在像片或传感器上成像(城市区域的高分辨率遥感影像或航空像片上的遮蔽现象)。其次,由于云、大气污染等,使获得的数据存在大量的噪声,影响了 MODIS 地表温度(LST)数据的精度,从而降低了地表温度遥感图像的实用价值。最后,由于 LST 参数在时空上连续改变的特性,海量的遥感地表温度数据并没有得到广泛的应用,原因是从遥感信息中反演获得的地表温度有着一些共性的问题,最主要的是以下两点:一是地表温度的精度,由于云、大气等的影响,达不到下一步计算的要求;二是地表温度在时空区域上不连续。所以提高 MODIS 的 LST 数据产品的质量改进以及解决地表温度在时空区域上的不连续性，对于更好地研究碳循环、能量循环和环境评价等具有非常重要的意义。

2. 傅里叶拟合基本原理

设有某要素时间序列 $Y=(y_1, y_2, \cdots, y_n)$，将这 n 个元素表示成为有限个正弦波（谐波）的叠加形式称为谐波分析。由这些正弦波叠加构成的数据序列即为傅里叶级数序列，其数学表达式为

$$y_i = a_0 + \sum_1^m a_j \sin(w_j i + \theta_j) \tag{3-18}$$

式中，a_0 为谐波的余项，等于序列的平均值；a_j 为各谐波的振幅；w_j 为各谐波的频率；θ_j 为各谐波的初相位；m 为谐波的个数。当然傅里叶级数序列也可以表示为正弦函数与余弦函数之和的形式，傅里叶拟合的过程就是求各个系数的过程。

3. 傅里叶算法改进数据质量的理论依据

本课题研究的是 LST（地表温度）随时间变化的关系。它的规律同样如此，是由多种因素共同决定的。如果研究过程中，想得到一年中的变化规律，这种由暂时性的因子导致的数据变化就是我们想拟合的数据。

但一般情况下，由于地表温度是呈现季节性周期变化的，而傅里叶级数是由一系列三角函数表示的无穷级数，对于周期性函数有很好的吻合性，因此，原则上对于缺失或者无效的地表温度数据我们可以利用傅里叶函数（三角函数）来做数据拟合。为了提高拟合的优化度，拟合过程中，对不符合要求的点进行剔除。处理过程是通过查看所在像元的 FparLST_QC 数据集，保留 QC 值小于 32 的点。

4. 技术路线

基于傅里叶算法的 MODIS LST 数据质量改进流程如图 3-15 所示。

5. 基于单个点像元的拟合结果

本着由简单到复杂、由概况到具体、由单个到整体的科研思路，先做基于单个点像元的傅里叶模型遥感时序产品拟合（Quan et al., 2014）。在实验区内随机选取某个特定点，生成该像元一年的时序变化拟合结果图，如图 3-16 所示。

6. 基于整个研究区域的傅里叶模型遥感时序产品拟合

为了使研究思路简单化，前面研究过程的对象主要针对实验区某个特定点，提取了此站点在一年中不同时序的数值。由于过程研究需由点及面，因此，将研究区域从某个点过渡到整个研究区，对整个片区内所有的像元点都进行一年中所有时序的数据集读取，依次对每个像元点进行傅里叶级数拟合，再将拟合值替换原有值，从而实现对整个区域的时序平滑，分别选择不同季节的 4 幅数据质量改进前后的效果图进行对比（图 3-17~图 3-20）。

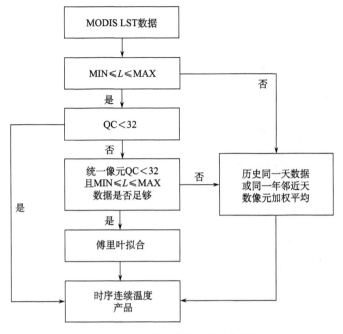

图 3-15　数据质量改进流程图

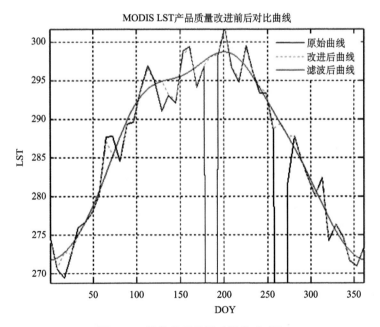

图 3-16　随机像元质量改进前后对比

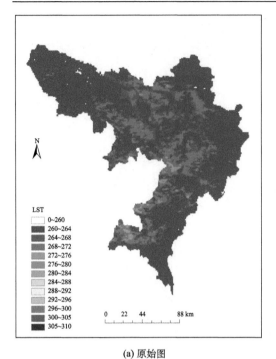

(a) 原始图

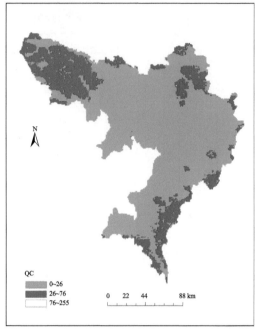

(b) QC

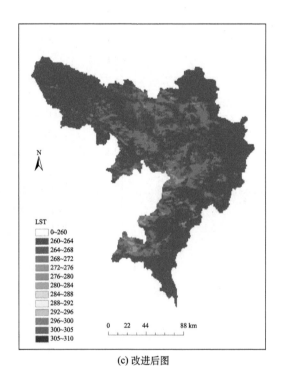

(c) 改进后图

图 3-17　研究区(第 1 季度)数据质量改进前后对比

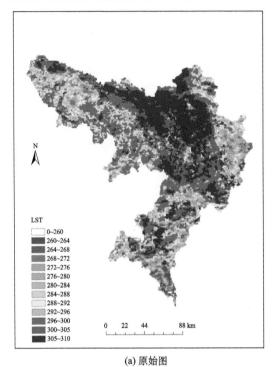

(a) 原始图

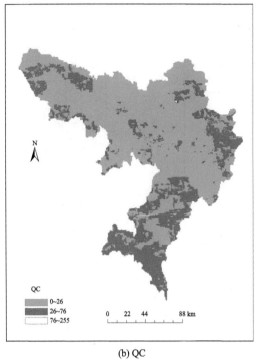

(b) QC

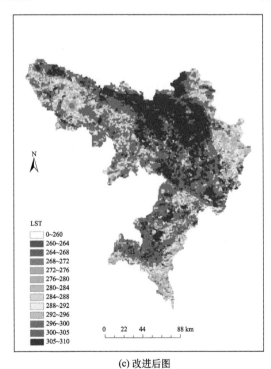

(c) 改进后图

图 3-18 研究区(第 2 季度)数据质量改进前后对比

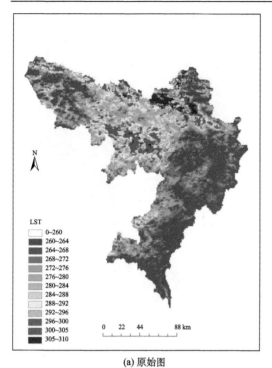

(a) 原始图

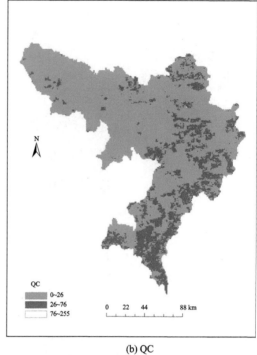

(b) QC

(c) 改进后图

图 3-19　研究区(第 3 季度)数据质量改进前后对比

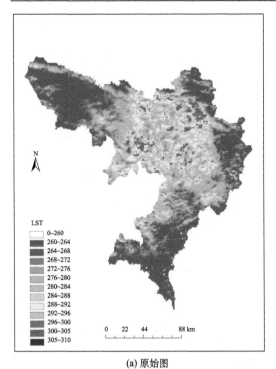

(a) 原始图

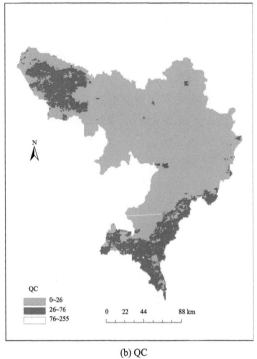

(b) QC

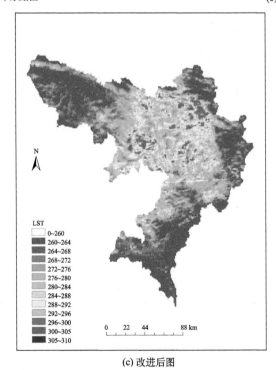

(c) 改进后图

图 3-20　研究区(第 4 季度)数据质量改进前后对比

7. 拟合结果分析

对处理前和处理后的图像进行对比可知，处理后的图像整体上有平滑的效果，个别变化突兀的像元点被处理掉。随机抽取单个像元点，通过图像分析，在时序上，曲线从之前的大波动的锯齿状变成了比较平滑的缓坡曲线，达到了预期效果。

因此，无论是从点像元还是整幅图像，都能得出地表温度整体先升后降的趋势，进而得出拟合模型选择的合理性。

3.2.3　结合 GNSS-R 和 MODIS 数据的时空连续土壤湿度提取

1. 土壤湿度遥感监测现状

土壤湿度是联系地下水与地表水的纽带，影响陆面和大气之间的能量交换，是水文、气候、农业等领域研究的重要物理量。利用遥感技术手段获取土壤湿度是通过数值定量反演过程获得若干可表征不同土壤含水量的土壤表面，针对光谱发射或反射的电磁能量高低差异的系数，通过定量分析建立反演参数与土壤湿度的模式关系，进而定量获得土壤湿度。通过遥感技术手段监测土壤湿度不仅可以得到反映土壤水分在空间、时间序列上的变化特征，亦可进行长时间序列动态监测与研究，具有监测覆盖范围广、实施成本低、可系统业务化实施，并且长期、高时间分辨率监测是当前遥感定量研究与应用的重点内容之一。由于建立遥感技术手段获取的定量参数与土壤湿度实际数值之间的模式关系的过程较为复杂，因而应用遥感方法准确获取土壤湿度信息的技术也是目前遥感定量研究的难点。

传统遥感和实地测量土壤湿度的方法虽已广泛应用，但也存在一定的局限性，诸如：①烘干称重的方法操作不便，且对被测环境有一定的破坏性；②土壤湿度时空差异大，单点测量的探头只能反映很小体积土壤的水分；③很多遥感数据的空间尺度不能满足应用需求，且发射、维护相关设备的代价昂贵。

2. 基于 GNSS-R 的土壤湿度遥感提取

全球导航卫星系统反射信号遥感技术(global navigation satellite system reflectometry, GNSS-R)作为一种介于主动遥感与被动遥感之间的外辐射源雷达遥感技术，具有数据量大、时间分辨率高、成本低等优势，近年来开始逐步受到国内外学者的广泛关注。GNSS-R遥感中反射信号强度变化对地表介电特性变化非常敏感，因此，可通过 GNSS 反射信号的强弱来探测土壤湿度。

在 GNSS-R 估算土壤含水量的测量系统中，GNSS 卫星-地表-接收机构成一个收发分置的双基地雷达系统，通过测量 GNSS 信号反射率估算土壤含水量。高仰角的右旋圆极化(right hand circular polarization, RHCP)入射信号经地表反射后大部分会变为左旋圆极化(left hand circular polarization, LHCP)，因此，接收机通常采用两副天线实现直射信号与反射信号的分别接收，即低增益的右旋圆极化天线接收直射信号，高增益的左旋圆极化天线接收反射信号。

传统 GNSS-R 土壤湿度估算方法一般分为三步：①由直射和反射信号功率计算土壤反射率；②由反射率计算土壤介电常数；③由介电常数计算土壤含水量。传统方法虽然思路明确，但复杂的模型导致数据处理计算量大，且求解隐函数的过程中会产生复数解，使计算过程更加复杂。本书在分析模型仿真结果的基础上，提出基于查找表的计算方法，即以土壤含水量-土壤介电常数-信号反射率的顺序，通过正向计算建立查找表，采用查找表插值的方法直接估算土壤含水量。该方法不仅步骤简单，而且计算效率得到显著提升。

瑞利准则指出，当地表高度标准差满足 $h_s < \lambda / 8\cos\theta$（$\lambda$ 为波长，θ 为信号入射角，为地表法线与入射信号之间的夹角，与卫星高度角 E 满足关系 $\theta+E=90°$）时，可认为地表是光滑的，对于 GNSS 信号而言，此时反射信号全部相干，GNSS 信号反射率 Γ_{rl} 可以表示为菲涅尔反射系数的模方：

$$\Gamma_{rl} = R_{rl}^2(E) \tag{3-19}$$

式中，E 为卫星高度角；下标 rl 为 GNSS 信号由入射时的右旋圆极化经地表反射后变为左旋圆极化。菲涅尔反射系数 $R_{rl}(E)$ 又可表示为垂直极化反射系数 R_{vv} 和水平极化反射系数 R_{hh} 的组合：

$$R_{rl}(E) = (R_{vv} - R_{hh})/2 \tag{3-20}$$

其中，

$$R_{vv} = \frac{\varepsilon \sin E - \sqrt{\varepsilon - \cos^2 E}}{\varepsilon \sin E + \sqrt{\varepsilon - \cos^2 E}} \tag{3-21}$$

$$R_{hh} = \frac{\sin E - \sqrt{\varepsilon - \cos^2 E}}{\sin E + \sqrt{\varepsilon - \cos^2 E}} \tag{3-22}$$

对于土壤而言，ε 为土壤介电常数。根据以上物理模型可知，GNSS 信号反射率是土壤介电常数和卫星高度角的函数。

不同卫星高度角下 GNSS 信号反射率随土壤介电常数的变化如图 3-21 所示，由于干土介电常数为 3~5，而纯水的介电常数为 80，此处将介电常数仿真范围设定为 3~80。可以看出，GNSS 信号反射率的变化在 0.05~0.65，GNSS 信号反射率随介电常数的增加而增大，当介电常数一定时，卫星高度角越大，GNSS 信号反射率略有增加，但随着卫星高度角的增大，信号反射率的增加率越来越小。

对于裸土地表，由介电常数计算土壤含水量可以利用已有的土壤介电模型。常见的有针对土壤混合物的 Hallikainen 模型（简称 H 模型）和适用于大多数矿质土壤的 Topp 模型（简称 T 模型）。H 模型中土壤混合物的介电常数受不同土壤成分比例的影响，因为试验场为典型的砂壤土，所以取砂土和黏土的比例分别为 51.5% 与 13.5%。

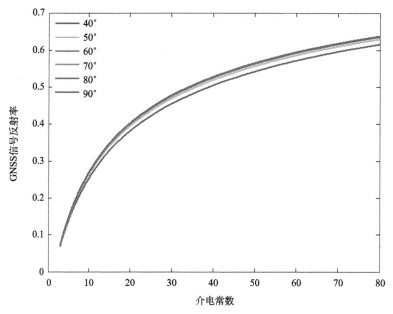

图 3-21　不同卫星高度角下 GNSS 信号反射率随土壤介电常数的变化

由图 3-22 可知，H 模型与 T 模型之间有一定差别，特别当土壤含水量范围为 0.3~0.45 cm³/cm³ 和大于 0.7 cm³/cm³ 时，两种介电模型相差较大。因此，本研究考虑对两种模型取平均，得到一定土壤含水量下的介电常数，在一定程度上减小估算误差。

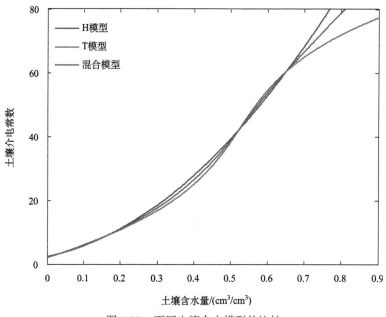

图 3-22　不同土壤介电模型的比较

根据由 GNSS 信号反射率求解土壤介电常数的物理模型，以及由土壤介电常数求解土壤含水量的介电模型，将 GNSS 信号反射率与土壤含水量的直接关系表示为如图 3-23

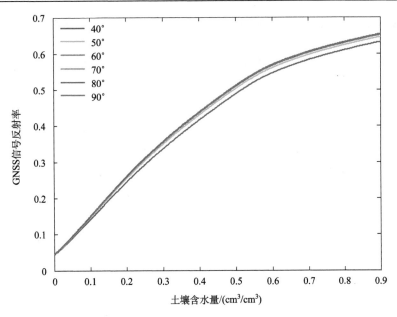

图 3-23　不同卫星高度角下 GNSS 信号反射率随土壤含水量的变化

所示，GNSS 信号反射率随土壤含水量的增加而显著增大，当土壤含水量一定时，信号反射率随卫星高度角的增加略有增大，且增大率越来越小，尤其高度角大于 50° 后，信号反射率几乎不随卫星高度角的增大而改变。

　　根据以上仿真分析可知，传统 GNSS-R 方法计算土壤含水量，一般需经过 GNSS 信号反射率—土壤介电常数—土壤含水量这一转换过程，每个步骤均涉及模型计算，图 3-24 以一个采样点为例展示了传统计算步骤。因为是对复杂隐函数逆向求解，所以过程中还会产生复数解及负值解，使计算更加复杂。

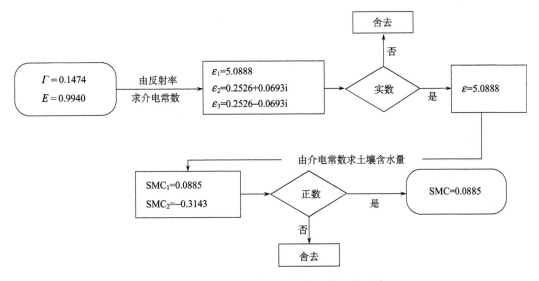

图 3-24　传统 GNSS-R 土壤含水量计算方法

土壤含水量与 GNSS 信号反射率的直接定量关系可描述为随着土壤含水量的增加，GNSS 信号反射率单调增大，尤其当土壤含水量小于 0.6 时，两者关系近似线性。因此，从模型简化和计算效率出发，本研究提出基于查找表的 GNSS-R 土壤含水量估算方法。图 3-25 为建立的查找表样式，需说明的是，尽管反射率随卫星高度角的变化改变不大，为保证估算精度，卫星高度角仍作为 GNSS 信号反射率的一个变量。另外，查找表中将土壤含水量和卫星高度角的变化间隔设置得足够小，以保证计算精度。基于以上条件，计算查找表耗时仅需 0.2 秒。

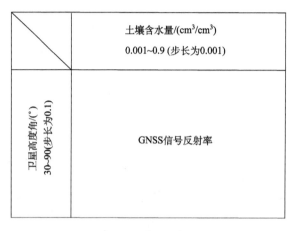

图 3-25   查找表样式

对于地基观测，GNSS 直射和反射信号受到同等程度的大气空间环境的影响，但在传播和接收过程中，易受多路径效应、接收机噪声污染以及地表局部差异影响等多种干扰，而产生高频波动。因此，在用于土壤含水量估算前，需要对信号进行滤波处理以消除噪声干扰。已有研究曾尝试采用三次多项式拟合法、小波滤波方法等进行滤波处理。本书采用等波纹低通数字滤波器对信号进行滤波，该滤波方法对信号功率变化无特殊要求，同时适用于对直射信号和反射信号分别进行滤波去噪。而且等波纹滤波器可以分别控制通带和阻带的幅度，使滤波器的幅特性在通带和阻带上的误差峰值均匀分布，因而可把波动的幅度控制到最小。本研究设定等波纹滤波器的通带波动为 1 dB，阻带衰减为 50 dB，经过低通滤波后信号保证至少 98% 的能量能够通过，以此决定通带和阻带边缘频率。利用滤波后的直射和反射信号功率，可计算得到 GNSS 信号反射率，从而进一步用于土壤含水量估算。

3. 结合 MODIS 和 GNSS-R 的土壤湿度数据同化

利用上述建立的查找表方法可以基于 GNSS-R 得到离散点上土壤湿度的连续时间序列数据，但对于环境监测而言，通常需要得到空间连续的土壤湿度数据，这就需要结合遥感影像反演参数实现土壤湿度数据的同化，从而获取到时空连续的土壤湿度数据。

MODIS 产品具备较高的光谱分辨率与更高的空间分辨率，使用该数据源进行土壤湿地反演可较好满足连续空间分布监测需求。

　　结合 MODIS 和 GNSS-R 数据的土壤湿度同化方法首先建立基于 GNSS-R 数据的土壤含水量空间分布模型，得到一定区域内多个离散点的土壤含水量，且能够得到多时间序列的土壤湿度区域分布情况。即在全天 24 小时中，取样间隔定为 2 小时，则可以得到 12 个该区域的离散点图。而 MODIS 数据则能够反演得到当天内过境时刻的垂直含水量指数、改进的垂直干旱指数和基于近红外波段和短波红外波段的短波红外垂直水分胁迫指数，这些指数能够间接反映局部区域内连续的土壤含水量分布情况。通过建立这些指数与 GNSS-R 得到的离散点上土壤湿度之间的关系，并用不同遥感指数反演的土壤水分作为观测值进行同化。在空间域内以格网为主要方式，以 MODIS 数据的反演结果加密 GNSS-R 数据的建模结果，形成区域内连续的准 GNSS-R 数据土壤湿度时间序列，即通过数据同化方法，得到 12 幅土壤含水量分布"图谱"，基于该"图谱"可进行进一步的分析，与研究区的温度、蒸散发等因素联系起来，得到区域内土壤湿度的日变化规律。

3.3　多源遥感协同反演关键技术

3.3.1　基于机载 LiDAR 和光学影像协同反演叶面积指数及森林覆盖度

1. 光学遥感反演 LAI 的混合像元问题

　　在遥感参数反演过程中，混合像元会影响地表生物物理参数的反演精度。由于混合像元是由多种不同覆盖地物的组合，因此，混合像元首先影响到像元内任一种地物的覆盖反演（Olthof and Fraser, 2007），例如，森林地区的森林植被覆盖，传统提取植被覆盖度遥感方法是采用植被指数法（Dymond et al., 1992），由于受到混合像元的影响，这种方法不能提供准确的植被覆盖度信息。而且影响每个混合像元的光谱都是一个多种地物的混合光谱，无论是利用经验回归关系，还是使用模型方法来反演叶面积指数，都会面临着混合光谱分解的问题，如果我们直接从这种混合光谱中反演其中的叶面积指数，一定会有很大的误差（Hu et al., 2004），可以说混合光谱分解是提高混合像元反演参数精度的重要一步。随着混合像元分解理论的发展，一些混合像元分解模型被开发出来（Ichoku and Karnieli, 1996），如线性模型、概率模型、几何光学模型、随机几何模型和模糊分析模型。其中一些模型，如线性光谱分解模型、几何光学模型等已被用来反演植被覆盖度和叶面积指数，另外，线性光谱分解模型和几何光学模型也被同时用于森林参数的反演。但混合像元问题不仅影响了反演过程，还影响着反演结果的验证。Yao 等（2008）分析了混合像元对 LAI 反演的误差，认为不同地物构成的混合像元对 LAI 反演的影响有两个方面：一个是由于不同地物混合而造成混合像元反射率与纯植被端元的反射率不一样；另一个是地面点上实测的 LAI 如何验证混合像元反演的 LAI，因为前者是点的数据，后面是面的数据，这两者如何联系起来也是混合像元带来的问题。

　　由于机载 LiDAR 得到的信息不同于地面上点的实测数据，它得到的是面上信息，有利于与光学遥感数据的协同反演，而且从前面的章节可以看出，机载 LiDAR 可以提取高精度的森林结构参数(包括树高、冠幅、森林覆盖度、叶面积指数等),这些参数可以作为光学遥感反演叶面积指数的先验知识,也可以作为光学遥感反演结果的验证数据,同时机载 LiDAR 的分类点云数据(森林植被点云和地面点云)也有利于光学遥感数据中混合像元中端元的提取。本研究协同主被动光学遥感数据反演森林参数的模型包括线性光谱分解模型和几何光学模型两种模型,其中,线性光谱分解模型是一个二维模型,几何光学模型是三维模型,而机载 LiDAR 数据既有三维信息,又有二维的分类信息,因此,可以将机载 LiDAR 数据作为两个模型的纽带,协同 SPOT 5 HRG 多光谱数据反演森林覆盖度和叶面积指数。

因此,协同机载 LiDAR 和光学遥感反演森林植被覆盖度和叶面积指数,通过引入机载 LiDAR 数据来减少混合像元对光学遥感反演叶面积指数的不确定性问题,可以提高光学遥感数据反演森林参数的精度。

2. 机载 LiDAR 和光学遥感数据处理

1)机载 LiDAR 数据处理

机载 LiDAR 的数据处理主要有两部分:第一部分是为了对所用的光学遥感影像(SPOT5 影像)数据进行正射校正和地形校正,我们对大范围的机载 LiDAR 数据(位于图 3-26 中绿色区域)进行了处理并得到高分辨率 DEM,如图 3-26 所示;第二部分是针对研究实验区范围的高密度机载 LiDAR 数据(位于图 3-26 中蓝色区域)进行处理,因为研究实验区的机载 LiDAR 数据点云密度较大,有利于地面森林植被的准确描述,因此这个区域的机载 LiDAR 被用来提取单木参数,以及生成森林覆盖图和有效叶面积指数。

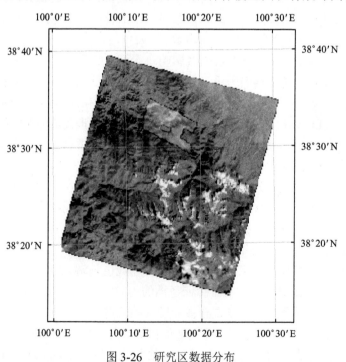

图 3-26 研究区数据分布

2) SPOT 数据处理

为了保证后面利用 SPOT 5 数据与机载 LiDAR 数据反演参数的精度，我们结合经 LiDAR 数据正射的航空影像对 SPOT 5 影像与 10 m 分辨率的 DEM 数据进行了配准，配准平均误差为 x 方向上 0.3 个像元，y 方向上 0.6 个像元，整体配准误差小于 1 个像元。结合由机载 LiDAR 生成的 0.5 m 的 DEM，我们应用严密的卫星成像模型对 SPOT5 HRG 多光谱数据进行了高精度的正射校正，最终的 DEM 和 SPOT5 多光谱影像都以 UTM Zone 47N/WGS-84 投影。

对 SPOT 5 数据的大气校正是利用的 FLAASH（fast line-of-fight atmospheric analysis of spectral hypercubes）模型（Matthew et al., 2003），这个模型采用了 MODTRAN4 辐射传输模型代码（Berk et al., 1999），是目前精度较高的大气辐射校正模型之一。由于 FLAASH 模型对水汽含量的计算是通过水汽吸收波段和非水汽吸收波段的比值来估计的，而 SPOT5 数据无法完成大气水汽含量的估算，这可以通过选择大气模式来得到相应的水汽含量预设值，另外，气溶胶模式选择了乡村气溶胶模式，并且能见度值为 23 km。

由于研究区地形起伏比较大，使得传感器的测量值与地物实际光谱值存在不一致的现象，从而降低了遥感影像质量，对于定量反演地表参数带来了很大的误差，因此，进行森林山区遥感影像的地形辐射校正也是反演森林参数的重要步骤之一。

目前已有的地形辐射校正方法有：余弦校正（Teillet, 1982）、Minnaert 校正（Minnaert, 1941; Bishop and Colby, 2002）、C 校正（Duguay and LeDrew, 1992）、SCS 模型校正（Gu and Gillespie, 1998）和 SCS+C 模型校正（Soenen et al., 2005）。余弦校正和 C 校正都是基于太阳-地表-传感器的几何关系来考虑校正的，不利于森林覆盖区的地形校正，而 SCS 模型是基于太阳-冠层-传感器（SCS）几何关系的校正模型，这个模型更加适合实际的森林地区情况，考虑到地形不能控制太阳和树之间的几何关系，只是影响了树木与地表的位置关系。余弦校正、Minnaert 校正和 SCS 模型等模型都没有考虑到散射辐射的问题，存在过度校正的情况。C 校正模型可以避免在低光照参数地区的过度校正问题，所以 Soenen 等（2005）在 SCS 模型基础上进行改进，引入 C 系数来说明散射辐射，调节过度校正的作用，从而建立了 SCS+C 模型，这种模型不仅在消除森林区地形影响有很好的效果，同时也没有改变太阳和传感器的相对位置、几何关系和冠层结构，还对过度校正问题进行了调节，因此，使用 SCS+C 模型来对研究区的地形进行校正：

$$\rho_c = \frac{\rho_0(\cos\theta_s\cos\theta_z + C_\lambda)}{\cos i + C_\lambda} \tag{3-23}$$

式中，ρ_0 为校正前地表反射率；ρ_c 为校正后地表反射率；θ_s 为坡度角；θ_z 为太阳天顶角；λ 为波段；i 为太阳入射角，可由下式计算得到

$$\cos i = \cos\theta_s\cos\theta_z + \sin\theta_s\sin\theta_z\cos(\phi_a - \phi_s) \tag{3-24}$$

式中，ϕ_a 为太阳方位角；ϕ_s 为地表坡向角；$\cos i$ 为太阳入射角余弦值，也称为光照系数。

半经验系数 C_λ 是通过建立每个波段的反射率和光照系数 $\cos i$ 的线性关系得到的：

$$\rho_0 = a_\lambda\cos i + b_\lambda \tag{3-25}$$

$$C_\lambda = b_\lambda / a_\lambda \tag{3-26}$$

式中，a_λ 和 b_λ 为对应 λ 波段的经验系数。

3. 协同反演方法

Li-Strahler 几何光学模型(Li and Strahler, 1985, 1986, 1992)被发展用于遥感影像上像元尺度的树冠大小和树密度的反演，目前已经被广泛用于植被结构参数的反演(Franklin and Strahler, 1988; Franklin and Turner, 1992; Woodcock et al., 1997; Zeng et al., 2008; 李小文和王锦地，1995)。Li-Strahler 几何光学模型将遥感影像上的地表反射信号描述成 4 个分量的面积百分比权重和：

$$S = K_c C + K_g G + K_t T + K_z Z \tag{3-27}$$

式中，C、G、T、Z 分别为光照树冠、光照地表、阴影树冠和阴影地表的反射信号；K_c、K_g、K_t、K_z 分别为对应的面积百分比。由于本研究区中的树种只有单一的青海云杉，因此，本研究中我们可以将树冠形状当成椭圆形，这样也有利于用 Li-Strahler 几何光学模型反演植被参数。

这里我们利用机载 LiDAR 和多光谱光学遥感影像协同反演植被参数，将 LiDAR 获得的森林参数作为 Li-Strahler 几何光学模型输入参数，并与光学遥感影像协同反演森林植被参数。具体的协同反演算法流程如图 3-27 所示。在前面的机载 LiDAR 提取森林参数和 SPOT 5 HRG 数据预处理之后，我们就可以开始协同反演。协同方法主要分为以下三个部分：①根据机载 LiDAR 得到的样本区内森林参数来计算每个像元的光照地表面积百分比 K_g；②根据 K_g 值和 SPOT 5 HRG 影像上得到的像元真实反射率，由线性光谱分解模型获得光照地表的反射率 G 和其他分量的平均反射率 X_0；③将②得到的两个端元的反射率代入 Li-Strahler 几何光学模型中求得整个影像上每个像元的光照地表面积百分比，再根据每个像元的光照地表面积百分比导出每个像元的冠层覆盖和有效植物面积指数。

首先根据 Li-Strahler 几何光学模型和机载 LiDAR 提供的森林参数(树高、冠幅和冠层覆盖等参数)来确定混合像元中光照地表的面积百分比：

$$K_g = \exp\{-\pi m[\sec \theta_i' + \sec \theta_v' - O(\theta_i, \theta_v, \phi)]\} \tag{3-28}$$

式中，θ_i、θ_v 分别为太阳和卫星的天顶角；ϕ 为太阳与卫星之间的相对方位角；$O(\theta_i, \theta_v, \phi)$ 为光照阴影和观测阴影的重叠部分，称为重叠函数，可由下式得到：

$$O(\theta_i, \theta_v, \phi) = (t - \sin t \cos t)(\sec \theta_i' + \sec \theta_v') / \pi \tag{3-29}$$

式中

$$\cos t = \frac{h}{b} \frac{\sqrt{D^2 + (\tan \theta_i' \tan \theta_v' \sin \phi)^2}}{\sec \theta_i' + \sec \theta_v'} \tag{3-30}$$

$$D = \sqrt{\tan^2 \theta_i' + \tan^2 \theta_v' - 2 \tan \theta_i' \tan \theta_v' \cos \phi} \tag{3-31}$$

$$\tan \theta' = \frac{b}{r} \tan \theta \tag{3-32}$$

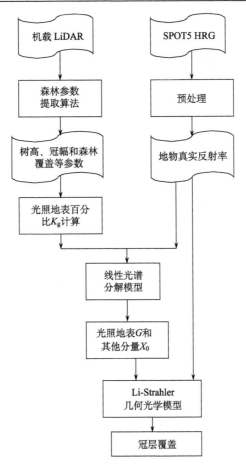

图 3-27　机载 LiDAR 和 SPOT 5 HRG 数据协同反演流程图

式中，h、b 和 r 分别是像元内的平均树高、树冠的平均长半径和平均短半径（平均冠幅半径），这些变量都可以从机载 LiDAR 提取的森林参数和实测数据中得到。

另一个参数 m 被称为 "treeness"，是联系遥感影像信号与森林参数的一个重要参数（Woodcock et al., 1997），当树不互相重叠时，它表示的是样地内的平均冠层覆盖大小，是树密度 λ 和平均冠幅半径 r 的函数：

$$m = \lambda r^2 \tag{3-33}$$

在求解 4 个分量在像元中的比重时，都是假设树在样地中是随机分布的，并不互相重叠，这样冠层覆盖与树密度、冠幅大小的关系可用如下式子来表达（Li and Strahler, 1985; Woodcock et al., 1997）：

$$CC = 1 - e^{-\pi m} \tag{3-34}$$

由上式可知，m 在很大程度上影响着光照地表面积百分比及光照地表反射率的求解，最终影响了模型在遥感影像上反演森林参数的精度。第 2 章中，我们已经通过机载 LiDAR 数据获得森林冠层覆盖，因此，我们可以利用机载 LiDAR 得到的森林冠层覆盖来求解 m，进而求得样本区内的光照地表面积百分比 K_g。

　　线性光谱分解模型描述的是地表反射率光谱是由多个纯像元的光谱按面积百分比组成。它的数学表达式如下：

$$\rho_j = \sum_{i=1}^{k} \rho_{ij} s_i + e_j \tag{3-35}$$

$$\sum_{i=1}^{k} s_i = 1 \tag{3-36}$$

式中，ρ_{ij} 是第 i 个纯像元、第 j 个波段的反射率；s_i 是第 i 个纯像元的面积百分比；e_j 是第 j 个波段的误差。

　　针对我们的研究内容和研究区情况，我们将 Li-Strahler 几何光学模型对混合像元的遥感信号描述简化为一个二分量模型：

$$S = K_g G + (1 - K_g) X_0 \tag{3-37}$$

式中，X_0 是混合像元内除光照地表以外的其他总分量。

　　线性光谱分析中最困难，也是最重要的一步就是端元光谱选取，有四种方法用来选取端元光谱：一是从波谱库中获得纯像元的光谱，但这种方法在很大程度上要依赖于遥感影像数据的辐射校正好坏。当植被冠层 3D 结构造成植被冠层表面反射率和内部反射率差异时的情况将更加复杂 (Hu et al., 2004)；二是从遥感影像本身的纯像元提取端元光谱，这种方法只能适用于遥感影像上有纯的像元；三是用因子分析法自动从影像上获取端元光谱，这种方法是用纯数学的方法计算对应端元光谱的抽象矩阵和端元百分比，然后通过建立转换矩阵获取实际的端元光谱及其百分比；四是用实地测量的光谱代替纯像元的光谱，这种方法要求实测光谱与遥感影像在获取时间上一致。

　　由于我们获取 SPOT 5 的时间在 2008 年 8 月 10 日，而地面光谱测量时间是在 2008 年 6 月 3 日，因此，不能使用第四种方法中地面测量光谱来确定端元的光谱。这里我们采用第三种方法获取混合像元中的两个端元反射率，先通过机载 LiDAR 数据获得的高精度树参数确定端元的面积比，再应用线性光谱分解获得两个端元的反射率。

　　在获得像元内两个端元的值后，就可以将这两个端元反射率和 SPOT 5 影像的像元反射率代入 Li-Strahler 几何光学模型的简化式中，求得光照地表的面积百分比，再求得 m 值，最后计算像元的冠层覆盖。

$$m = \frac{-\ln K_g}{(\sec \theta_i + \sec \theta_v)(\pi - t + \cos t \sin t)} \tag{3-38}$$

　　研究区内的植被以青海云杉为主，我们反演的森林冠层覆盖与森林植被有效植被面积指数的关系见下式：

$$\text{PAI}_e \approx -2\ln(e^{-\pi m}) = 2\pi m \tag{3-39}$$

　　森林有效植被面积指数与光照地表面积百分比成负对数关系，这与 Hu 等 (2004) 认为实验区的植被冠层叶面积指数与光照地表(雪)面积百分比成负对数关系的结果相一致。

4. 森林覆盖率和有效植被面积指数反演结果及验证

1) 森林覆盖率反演结果及验证

通过上述的协同反演算法，我们将机载 LiDAR 提取的森林参数输入到 Li-Strahler 几何光学模型中，协同 SPOT 5 HRG 数据得到光照地表的面积百分比，如图 3-28 所示，影像中显示的是森林植被光照地表面积百分比 K_g，其中，白色区域包括裸地、草地和一些无值区（下面其他此类图类同）。如图 3-29 所示，图中浅色表示森林冠层覆盖少，深色表示森林冠层覆盖多，对于反演的森林冠层覆盖结果，我们没有同步的地面测量数据，

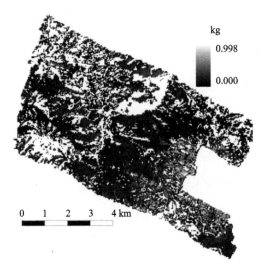

图 3-28　像元光照地表面积百分比

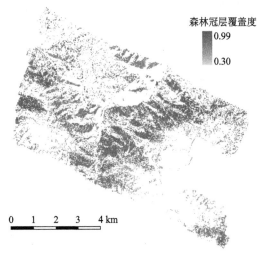

图 3-29　森林冠层覆盖度反演结果

因此，只能利用 2008 年 6 月上旬 Hemiview 测量的冠层覆盖度值进行验证。由于 Hemiview 测量的结果是 25 m×25 m 大小的森林冠层覆盖，而我们反演的图像是 10 m 分辨率的，所以我们需要将反演结果重新插值成 25 m 分辨率，再与实测数据进行比较。比较结果如图 3-30 所示，反演结果和实测结果的 R^2 为 0.3901，由于采样数据的地点主要集中在森林覆盖密集区域，所以比较的覆盖度主要是大于 0.7 的数据，而且 SPOT 5 影像获取时间与地面数据测量时间相差了两个月，因此，对森林冠层

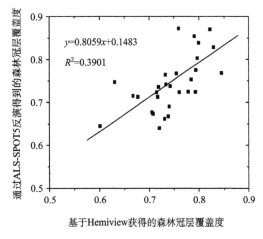

图 3-30　反演冠层覆盖与 Hemiview 实测结果比较

覆盖度反演结果需要做进一步的验证，特别是选择不同树密度的样地采集不同冠层覆盖程度的数据，这样有利于验证反演方法的有效性。

2) 有效植被面积指数反演结果及验证

　　由于整个研究区内的树种是青海云杉，根据曹春香等（2010）利用机载 LiDAR 求 PAI_e 的结论，我们可以从上面得到的森林冠层覆盖来得到森林有效植物面积指数 PAI_e。如图 3-31 所示，整个研究区范围内的森林有效植物面积指数 PAI_e 的范围为 0.7~8.99，大多数值为 1~6 之间。我们选择 TRAC、LAI-2000 测量结果对反演结果进行验证，去除几个无值点外，总共有 14 个点的测量数据可以使用。在验证之前，我们仍然需要将反演结果重新插值成 25 m 分辨率大小以与实测结果比较，比较结果分别如图 3-32 和图 3-33 所示，反演结果与 TRAC 和 LAI-2000 实测结果的 R^2 分别为 0.5173 和 0.7471，虽然这个 R^2 值比较好，但从两个回归图中可以看出，点较少且比较分散，反演结果与实测数据在采样时间上存在差异，因此，需要更多的同步或近期观测数据进行验证。

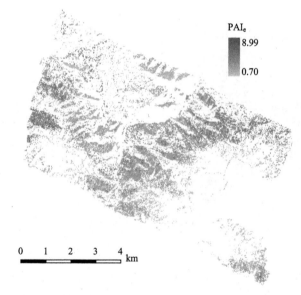

图 3-31　PAI_e 反演结果

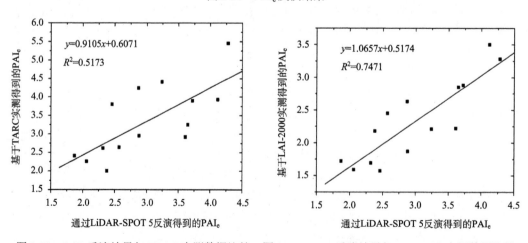

图 3-32　PAI_e 反演结果与 TRAC 实测数据比较　　图 3-33　PAI_e 反演结果与 LAI-2000 实测数据比较

3.3.2　基于光学、星载激光雷达和 SAR 数据协同反演森林生物量

1. 单一数据源反演生物量存在的问题

森林生物量是在对森林生态保护和监测中的一个非常重要的参数，是森林生态系统固碳能力及碳储量的重要指标。因此，准确计算森林生物量对森林生态系统监测和全球变化研究具有重要意义。

星载激光雷达(LiDAR)和 SAR 数据在森林结构参数与生物量估算中得到了广泛应用。LiDAR 和 SAR 能够对森林垂直结构进行准确测量，但由于其固有的离散属性，水平方向的分布面积有限，为了获得区域尺度森林生物量分布，需采用与成像遥感结合的策略。

光学遥感数据可以通过森林的光谱特征，通过建立与 LAI、NDVI 等森林植被参数之间的经验关系反演得到生物量。国产卫星 HJ 星自 2008 年发射以来，其高空间时间分辨率的优点，为生物量计算提供了新的数据源，其 CCD 数据可以提供 4 个波段数据，为 HJ 星反演森林生物量提供了可能性。但由于光学数据难以得到森林三维结构信息，因此，在森林生物量反演时具有很大的局限性。

因此，将激光雷达数据与光学遥感、多角度遥感及微波遥感数据等相结合，是进行区域尺度生物量估算的有效方法。

2. 基于 GLAS 和 HJ-1A/B 数据协同反演森林生物量

1) 森林生物量协同反演方法

a. 总体技术流程

首先，利用星载 GLAS 数据计算研究区 GLAS 激光雷达点内的最大树高，并结合已计算的植被指数构建 GLAS 最大树高与植被覆盖度和植被指数的关系模型，同时利用实测树高对模型进行修正，并将 GLAS 树高外推到整个研究区进而获得整个研究区的树高。通过实测样地数据，根据已发表的文献计算各个树种的生物量(图 3-34)(He, 2014)。

b. HJ 星植被指数反演及地物分类

植被指数是指通过不同波段的组合，用来指示植被的生长状况。本研究利用 HJ 星 CCD 数据的 4 个波段进行不同的组合，计算了 NDVI、GNDVI、EVI 等植被指数，具体的计算公式见陈鹏飞等(2010)。其中，植被覆盖度利用二分法计算得到，LAI 则是根据实测数据建立与指数关系计算得到。

除了计算植被指数，本研究还采用监督分类方法最大似然法对 HJ 卫星数据进行分类，利用分类结果提取森林，结果如图 3-35 所示。

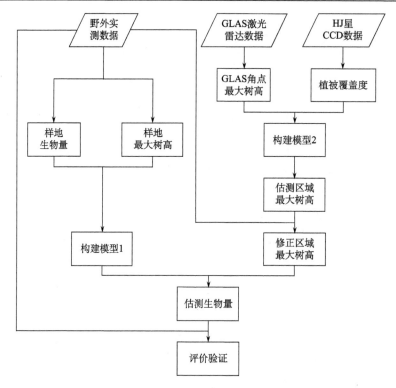

图 3-34　森林生物量协同反演流程图

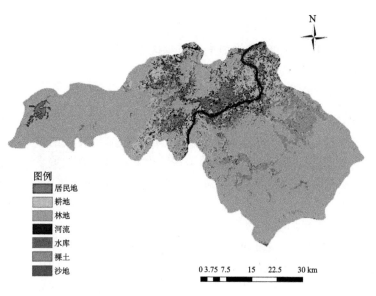

图 3-35　泰和地区土地利用分类

c. 激光雷达森林冠顶树高反演

在实现区域树高提取之前，要先获取 GLAS 激光雷达脚点的最大树高。本书采用了倪希亮提出的基于最大树高反演算法(倪希亮，2013)进行树高的提取，具体如下：通过分析研究了地形对 GLAS 数据提取森林树高精度的影响，提出了基于地形校正的最优 GLAS 数据森林树高提取方法，对中国森林树高进行提取，得到了中国区域的最优 GLAS 脚点对应的最大树高。

研究选取位于泰和地区的 GLAS 激光雷达脚点进行相应的实验。采用通过 NDVI、植被覆盖度、LAI 建立与 GLAS 激光脚点对应的最大树高进行回归分析，选择拟合效果最好的指数进行区域树高的反演。结果显示植被覆盖度的拟合效果最好。为了得到准确的最大树高，用 15 个实测的样地树高对初步获取的区域最大树高进行修正，得到最终的区域最大树高，并进行精度评价分析。

d. 生物量估测

通过回归分析方法构建实测样地的地上生物量数据与实测最大树高的关系，并用该模型通过 GLAS 外推的区域树高反演区域生物量。并对反演的区域生物量结果，利用野外实测生物量数据对未纠正的最大树高反演的生物量和经过纠正的最大树高反演的生物量结果进行了精度对比和分析。

2) 生物量反演结果及验证

a. 区域树高反演

为了验证 HJ 星在森林生物量反演的应用可行性，以江西泰和县为例，本研究选择 25 个 GLAS 激光雷达脚点反演的最大树高参与回归建模，另选 10 个 GLAS 激光雷达脚点作为验证点。根据前文阐述的方法分别构建了激光雷达脚点最大树高与已计算的植被指数、LAI/VC、LAI、VC（植被覆盖度）的模型关系，结果显示，激光雷达脚点的最大树高与 VC 的相关性最好，并且最稳定。其决定系数为 0.632，$P<0.05$，RMSE 为 7.66 m。参与回归的 GLAS 样点的平均最大树高为 31.43 m，故误差比为 24%，图 3-36 中 (a) 为 GLAS 最大树高与植被覆盖度的关系拟合图。

本研究利用 10 个激光雷达 GLAS 脚点的最大树高对估测的区域最大树高进行精度验证，如图 3-36 (b) 所示，横轴为实测样地最大树高，纵轴为估测最大树高，决定系数为 0.505，$P<0.05$。通过和实测最大树高数据比较发现，估测最大树高有明显的高估现象。

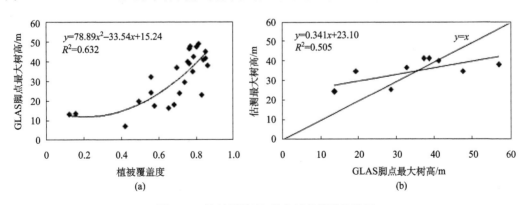

图 3-36　植被覆盖度-最大树高模型及验证

b. 区域树高修正

为了提高 GLAS 反演的最大树高的精度，本研究采用了野外实测样地数据对 GLAS

反演的最大树高进行修正。本研究选择 15 个样地中的 10 个样地的最大树高与 GLAS 所反演的区域最大树高参与回归分析构建模型，决定系数为 0.8073［图 3-37(a)］，通过该模型对 GLAS 反演的区域最大树高进行修正，得到最终的区域最大树高制图如图 3-37(b)所示。本研究利用另外 5 个样地进行验证如图 3-37(b)所示，其中，绿色点是修正前的 GLAS 反演的最大树高，蓝色的点为修正后的最大树高，横轴为实测样地最大树高，纵轴为预测的最大树高。从该图可以看出，进行修正后的最大树高的精度得到提高，更接近野外实测样地最大树高。图 3-38(a)是图 3-37(b)对应的样地最大树高对比图，其中，红色为实测样地最大树高。可以看出修正前最大树高估测偏高过多，修正后得到了明显改善［图 3-38(b)］，修正后的最大树高更接近实测树高。

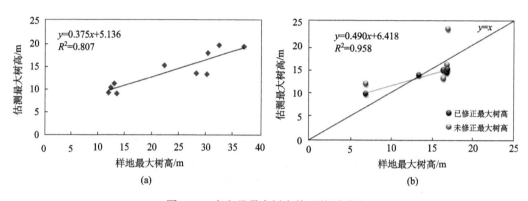

图 3-37　泰和县最大树高修正前后对比

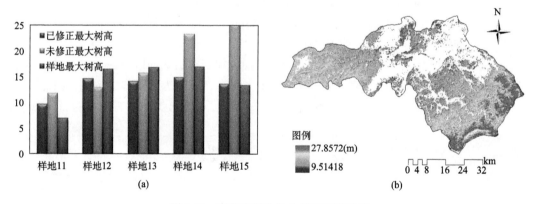

图 3-38　泰和县样地最大树高反演结果

c. 区域生物量反演

本研究选择了 15 个野外实测样地计算样地的最大树高以及生物量，并对实测生物量及实测样地最大树高进行建模。本研究采用了线性、多项式、指数、幂等回归方法，结果显示线性拟合的决定系数为 0.696，P 值小于 0.05，并且线性拟合的 RMSE 为 30.1 t/hm²，在最大树高高于 20 m 时，生物量的估测精度更好，相对其他模型更适合生物量预测，所以最终选择线性拟合作为生物量预测模型。图 3-39 为森林生物量和样地最大树高关系拟合图，图 3-40 为通过该方法所建立的模型估测的区域生物量。

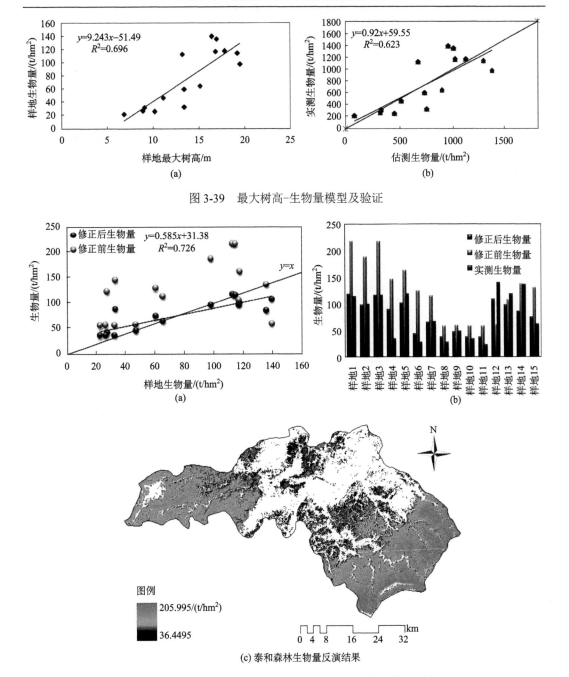

图 3-39　最大树高-生物量模型及验证

图 3-40　泰和森林生物量反演结果及生物量修正前后比较

　　本研究对该模型进行留一法验证，留一模型所对应的实测生物量和估测生物量对比图见图 3-39（b），斜率为 0.92，散点均匀分布在 $y=x$ 两侧，说明线性拟合效果较好。

　　同时，本研究利用 15 个样地的生物量对反演的生物量进行验证，结果如图 3-40（b）所示，蓝色为纠正后的生物量，黄色为未纠正前所反演的生物量，红色为实测样地生物量，可以看出经过实测样地纠正后的最大树高反演的森林生物量要比未纠正所得到的生物量要更接近实测值。相对于纠正的生物量结果,纠正后的结果更集中。

通过观察可以发现,泰和地区的东部森林生物量较高,主要是因为该地区为山地森林,以高大乔木为主,而相对较矮的灌木区域所对应的生物量也相对较低。图 3-40(c)是结合 HJ 星数据和星载激光雷达 GLAS 数据所反演的生物量分布图,图中绿色越深表示该区域生物量越高。通过与遥感图像对比可以看出,生物量的高值区(大于 80 t/hm²)主要分布在泰和地区的东部和西部的横断山脉森林较多地区,其结果空间分布与土地覆盖十分匹配。目前,进行山区生物量反演仍然比较困难,结合 HJ 星数据和激光雷达 GLAS 进行生物量反演是一种可行的方法。

d. 仅用 HJ 数据反演生物对比验证

仅利用 HJ 数据反演森林生物量方法类似于草地生物反演方法,即利用 HJ 星数据,根据各个植被指数计算公式计算植被指数,包括 EVI、GNDVI、MSAVI、MTVI2、NDVI、OSAVI、SAVI。通过样地生物量与各个指数进行多元逐步线性回归,选择 NDVI 和 GNDVI 与样地生物量构建多元线性模型,并用留一法进行验证。共有 15 个样地数据,本书选用留一法进行验证,所构造的 15 个线性模型决定系数 R^2 均较差,最好为 0.34 相对集成 GLAS 数据的反演较差。图 3-41 为估算生物量与实测生物量对比结果,可以看出仅用 HJ 星数据反演森林生物量效果不理想。

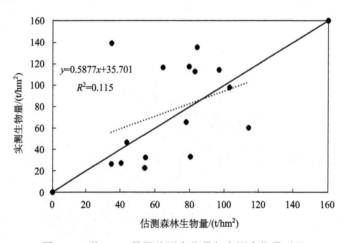

图 3-41　单一 HJ 数据估测生物量与实测生物量对比

3. 基于 TM 和 ASAR 数据协同估算草原生物量

1. 针对单一草本植被区

a. 反演流程方法

根据单一草本植被的生物物理参数特征,利用 MIMICS 模型等反演出草本植被生物量(图 3-42)。主要技术流程如下。

(1)利用归一化植被指数 NDVI ,区分土壤含水量不同的下垫面;

(2)利用 ACRM 模型,反演研究区内 LAI;

(3) 用线性回归模型，建立 LAI 与单位面积内植株个数之间的关系，并求出单位面积内的植株个数（该方法适用于单物种的草本植被）；

(4) 将植被生物物理参数代入 MIMICS 模型，反演出植被参数信息；

(5) 根据植被参数信息，估算出生物量。

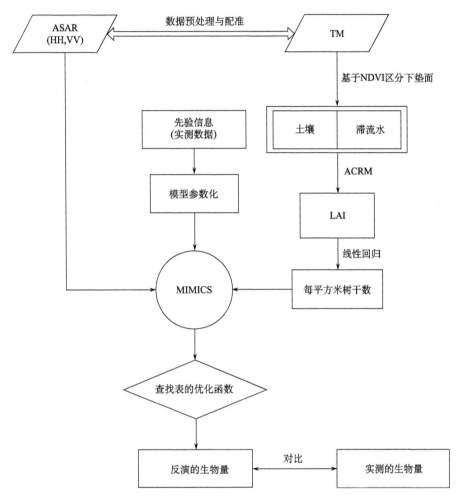

图 3-42　针对单一草本植被生物量估算技术路线图

b. 反演结果及验证

LAI 的反演结果如图 3-43 所示。

根据观察，我们发现随着植株密度的增加，叶片平均面积在减小，但植株上的叶子数目却没有变化。每平方米内植株数目（N）与 LAI 和每株植株总的叶片面积（$\sum_{i=1}^{N_L} A_{Li}$）的相关性很高。利用最小二乘多元线性回归方法可以得到 N，LAI 与每株植株总的叶片面积三者的关系。图 3-44 为单位面积内植株密度的估算值和测量值之间的关系图。

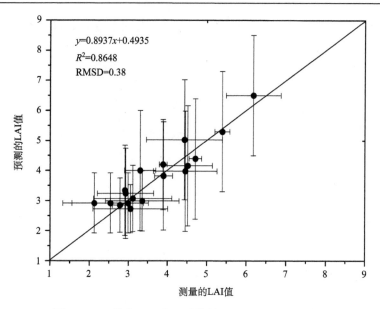

图 3-43　测量的 LAI 值和估算的 LAI 值之间的关系图

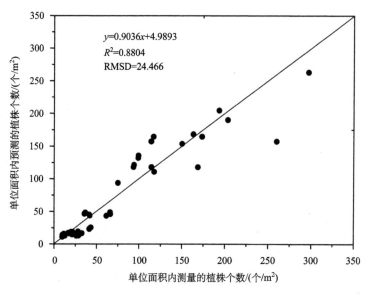

图 3-44　单位面积内测量的植株个数与预测的植株个数之间的关系图

　　最后，结合 ASAR 与 TM 数据，建立了一种基于微波散射模型的反演干旱区自然草本植被生物量方法。该方法基于草本植被的结构特征，将光学遥感数据容易反演的 LAI 作为模型参数之一，利用 LAI 成功估算了单位面积内的草本植被密度，使 MIMICS 模型成功应用于估算植被生物量(Xing and He, 2014)。反演结果如图 3-45 和图 3-46 所示。

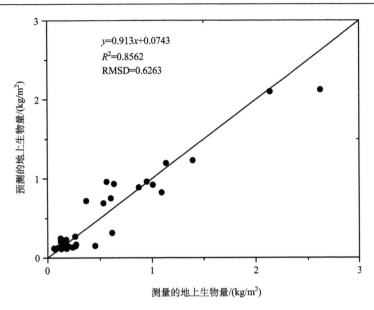

图 3-45 针对单一草本植被生物量估算结果及验证

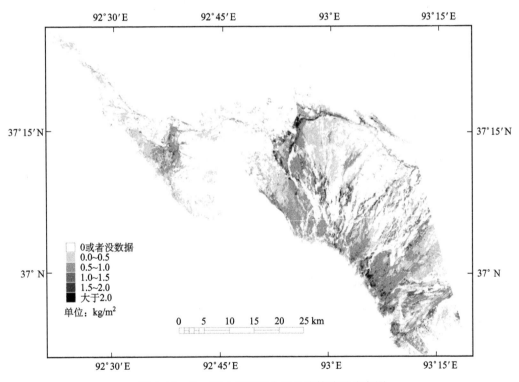

图 3-46 单一草本植被区生物量估算结果分布图

2) 针对混合植被区

a. 反演流程方法

在混合植被区域,将植被分为草本植被和灌木。不同植被类型的微波散射机理不同,很难用一个理论模型来描述。因此，我们采用半经验模型-水云模型来描述。在水云模型中，将植被覆盖度作为一个新的参数。该方法主要通过区分不同植被类型对总散射的贡献来确定后向散射系数（图3-47）。具体流程方法如下。

（1）利用光学数据，用混合像元模型来区分植被和土壤，确定植被覆盖度；

（2）基于物候减法方法，利用植物物候之间的差异，求解植被类型的组成，并确定各种植被类型所占比例；

（3）将植被覆盖度作为一个参数引入水云模型；

（4）将绿叶生物量密度代入水云模型中的植被描述参数；

（5）求出不同植被类型的水云模型的经验系数；

（6）利用水云模型，估算出绿叶生物量，然后求出植被生物量。

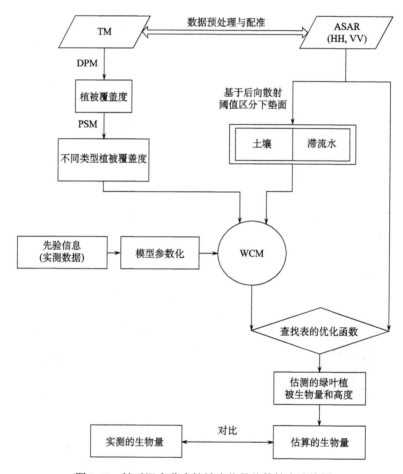

图3-47　针对混合草本植被生物量估算技术路线图

b. 后向散射模拟

传统水云模型模拟的植被后向散射系数：应用传统的水云模型的前提以植被体散射为主，因此没有考虑植被之间的间隙（图3-48）。

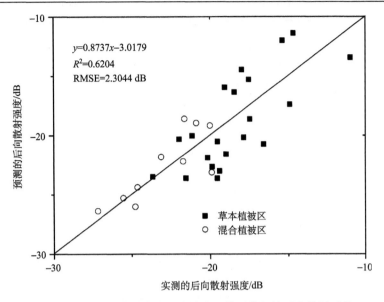

图 3-48　混合植被区内应用传统水云模型模拟的后向散射系数

改进水云模型模拟的植被后向散射系数：改进的水云模型利用植被覆盖度，考虑了植被之间的间隙（图 3-49）。

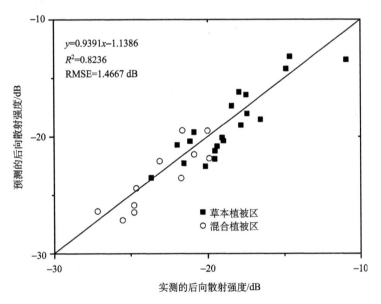

图 3-49　混合植被区内应用改进水云模型模拟的后向散射系数

c. 生物量反演及验证

结合雷达遥感和光学遥感的各自优势，以微波模型（改进的水云模型）为主，光学模型为辅，建立了一种基于微波散射模型的估算混合植被区地上生物量的方法。基于该方法估算的混合植被区内植被生物量的结果及其验证如图 3-50、图 3-51 所示。

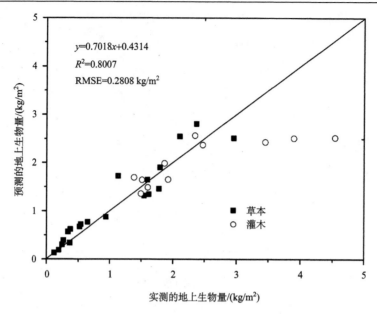

$y=0.7018x+0.4314$

$R^2=0.8007$

RMSE=0.2808 kg/m²

图 3-50　混合植被区内植被生物量估算结果及验证

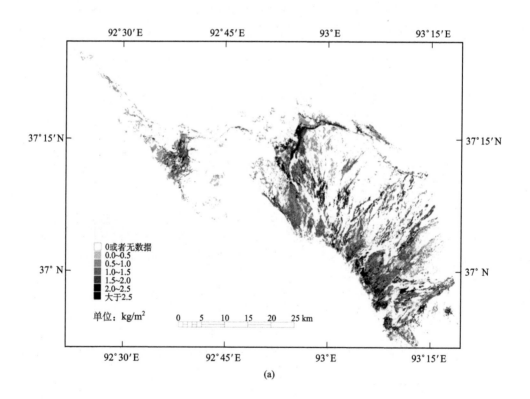

(a)

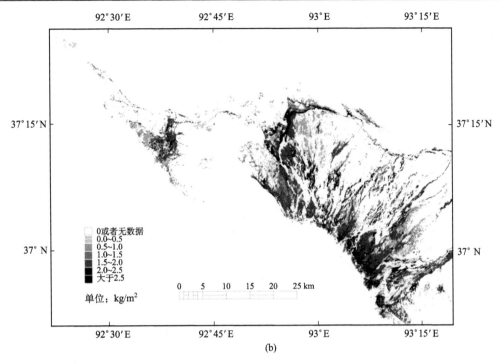

图 3-51　混合植被区内植被生物量估算结果分布图

(a) 7 月；(b) 8 月

3.3.3　基于简化核驱动模型的反射率及地表反照率反演

1. 地形起伏对遥感参数反演的影响

由于部分研究区域(如四川若尔盖地区和江西泰和地区)地形起伏较大，需要考虑地形对地表反射率的影响，即需要进行地形校正，才能得到精确的地表反照率。

对于高空间分辨率影像以及高植被覆盖的地形崎岖地区，适合的地形校正模型是 SCS 模型(Gu, 1998)，其考虑了树木向地性的生长特性，适合森林覆盖地区和高分辨率影像数据的地形校正。但是 SCS 模型没有考虑散射辐射的影响，使得背光区域的坡面存在过度校正问题。在地形校正 C 校正方法中，经验系数 C 被引入到余弦校正中，仿效天空散射辐射的影响，能够调节过度校正的情况。于是，在 SCS 校正模型基础之上引入经验系数 C 进行改进，就能得到 SCS+C 模型(Scott, 2005)。本研究中所选用的地形校正方法即为 SCS+C 模型。

$$\cos i_s = \cos\alpha\cos\theta_s + \sin\alpha\sin\theta_s\cos(\beta - \varphi_s) \tag{3-40}$$

式中，i_s 为相对太阳入射角；θ_s 和 φ_s 为太阳入射角和方位角；α 和 β 分别为斜坡的坡度和坡向。斜坡的地表方向反射率 ρ_T 和 $\cos(i_s)$ 之间存在线性相关关系，如下式所示：

$$\rho_T = \alpha_\lambda + b_\lambda\cos i_s \tag{3-41}$$

式中，α_λ、b_λ 为 λ 波段的经验系数，则经验系数 $C_\lambda = \alpha_\lambda / b_\lambda$。

则 SCS+C 模型如下所示：

$$\rho_{\mathrm{H}} = \rho_{\mathrm{T}} \frac{\cos i_{\mathrm{s}} \cos \theta_{\mathrm{s}} + C_{\lambda}}{\cos i_{\mathrm{s}} + C_{\lambda}} \qquad (3\text{-}42)$$

ρ_{H} 是经过地形校正得到研究地区较为精确的地表反射率。

在 SCS+C 模型中需要获取到地形的坡度和坡向信息，这就需要首先提取到研究区的 DEM 数据。由于 ASTER DEM 数据分辨率与 HJ-1 CCD 数据一致，均为 30 m，因此，我们采用 ASTER DEM 数据提取模型所需的坡度和坡向信息，将其作为 SCS+C 模型的输入参数用来与 HJ-1 CCD 数据协同反演得到地表反射率（图 3-52）。

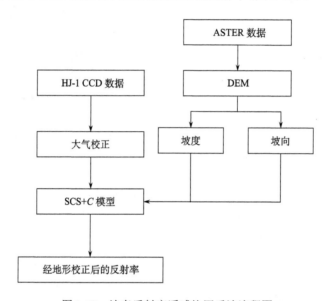

图 3-52　地表反射率遥感协同反演流程图

研究采用的地表反照率反演方法主要为核驱动模型，但是由于环境卫星数据存在回访时间限制、数据质量以及观测角度范围较小等问题，导致没有足够的观测角度数据进行核系数的回归计算，因此，反演过程中也一并参考 MODIS 反照率反演算法在样点数据量不足的时候所采用的备份算法。

具体过程为：利用 HJ-CCD1 反射率数据与 MODIS 提供的 BRDF 历史核系数共同反演地表二向反射率 BRDF，并进一步利用环境星传感器已有的观测几何信息反演光谱反照率，最后根据波段转换函数得到地表宽波段反照率。

2. 核驱动模型

线性核驱动模型是用具有一定物理意义的核的线性组合来拟合地表二向性反射特征。地表二向反射率 $R(\theta_{\mathrm{s}}, \theta_{\mathrm{v}}, \varphi)$ 计算公式如下：

$$R(\theta_{\mathrm{s}}, \theta_{\mathrm{v}}, \varphi) = f_{\mathrm{iso}} + f_{\mathrm{vol}} K_{\mathrm{vol}}(\theta_{\mathrm{s}}, \theta_{\mathrm{v}}, \varphi) + f_{\mathrm{geo}} K_{\mathrm{geo}}(\theta_{\mathrm{s}}, \theta_{\mathrm{v}}, \varphi) \qquad (3\text{-}43)$$

式中，核系数 f_{iso}、f_{vol} 和 f_{geo} 由 MODIS 数据提供，体散射核和几何光学核的计算公式则如下：

$$\cos\phi = \cos\theta_s \cos\theta_v + \sin\theta_s \sin\theta_v \cos\varphi \tag{3-44}$$

$$K_{\mathrm{vol}}(\theta_s, \theta_v, \varphi) = \frac{(0.5\pi - \phi)\cos\phi + \sin\phi}{\cos\theta_s + \cos\theta_v} - \frac{\pi}{4} \tag{3-45}$$

$$K_{\mathrm{geo}}(\theta_s, \theta_v, \varphi) = \frac{(\pi - \varphi)\cos\varphi + \sin\varphi}{2\pi}\tan\theta_s \tan\theta_v$$
$$-\frac{1}{2}\left(\tan\theta_s + \tan\theta_v + \sqrt{\tan\theta_s{}^2 + \tan\theta_v{}^2 - 2\tan\theta_s \tan\theta_v \cos\varphi}\right) \tag{3-46}$$

3. 简化的 Magnitude Inversion Process 方法（备份算法）

Magnitude Inversion Process 是一种备份算法，它继承于 NASA 进行 MODIS 地表反照率反演的 AMBRALS 算法，是在其他反演算法不合适或者观测角度数量不足的情况下采用的一种算法，称为备份算法，基于历史 BRDF 核驱动模型的系数 f_{iso}、f_{vol} 和 f_{geo}，即经典的 BRDF 形状来进行计算。该算法的假设前提是，各传感器的经典 BRDF 形状与 BRDF 形状历史数据一致，并且 BRDF 大小可以由观测来修正。

假设在一个 1 km 方格像元内有 n 个观测，核驱动模型中的历史核系数为 $f_{\mathrm{fi}}^{\mathrm{his}}$，其中 $i=1, 2, 3$ 分别代表 $f_{\mathrm{iso}}^{\mathrm{his}}$、$f_{\mathrm{vol}}^{\mathrm{his}}$ 和 $f_{\mathrm{geo}}^{\mathrm{his}}$，由历史核系数数据来获取的地表反射率公式如下：

$$\rho_t{}^{\mathrm{his}} = \sum_t f_i^{\mathrm{his}} K_i\left(\theta_{st}, \theta_{vt}, \varphi_t\right)$$

式中，t 代表第 t 个观测点。不同传感器虽然 BRDF 一致，但是应用其他传感器历史核系数的时候需要根据传感器自身观测角度进行校正，再将观测扩充到整幅影像，则对应核系数可以按照以下公式来进行修正：

$$f_\lambda^{\mathrm{new}} = \frac{\displaystyle\sum_{t=1}^{n} \rho_t{}^{\mathrm{obs}} \cdot \rho_t{}^{\mathrm{his}} \cdot w_t}{\displaystyle\sum_{t=1}^{n} \rho_t{}^{\mathrm{his}} \cdot \rho_t{}^{\mathrm{his}} \cdot w_t} \cdot f_\lambda^{\mathrm{his}} \tag{3-47}$$

式中，$\rho_t{}^{\mathrm{obs}}$ 是第 t 个观测的地表反射率；w_t 为测量权重；比值 $\left(\displaystyle\sum_{t=1}^{n} \rho_t{}^{\mathrm{obs}} \cdot \rho_t{}^{\mathrm{his}} \cdot w_t\right)\Big/$ $\left(\displaystyle\sum_{t=1}^{n} \rho_t{}^{\mathrm{his}} \cdot \rho_t{}^{\mathrm{his}} \cdot w_t\right)$ 作为核系数校正因子。

在本书实例中，核系数无法由环境卫星观测数据直接获得，则由 MODIS16 天合成的核系数产品 $f_\lambda^{\mathrm{MODIS}}$ 作为历史数据来提供，得到校正后适用于环境卫星观测数据的核系数 f_λ^{HJ}。

$$f_\lambda^{\mathrm{HJ}} = \frac{\displaystyle\sum_{t=1}^{n} \rho_t{}^{\mathrm{obs}} \cdot \rho_t{}^{\mathrm{his}} \cdot w_t}{\displaystyle\sum_{t=1}^{n} \rho_t{}^{\mathrm{his}} \cdot \rho_t{}^{\mathrm{his}} \cdot w_t} \cdot f_\lambda^{\mathrm{MODIS}} \tag{3-48}$$

由计算得到的波段核系数根据经验多项式来计算对应波段黑空反照率 α_{bs}，该经验公式是太阳天顶角 θ_s 的函数，其中，g_i 为经验系数。

$$\alpha_{bs}(\theta_s, \lambda) = f_{iso}(\lambda)\left(g_{0iso} + g_{1iso}\theta_s^2 + g_{2iso}\theta_s^3\right) + f_{vol}(\lambda)\left(g_{0vol} + g_{1vol}\theta_s^2 + g_{2vol}\theta_s^3\right) \\ + f_{geo}(\lambda)\left(g_{0geo} + g_{1geo}\theta_s^2 + g_{2geo}\theta_s^3\right) \tag{3-49}$$

根据宽窄波段转换公式，可由窄波段反照率计算得到短波宽波段反照率。

$$\alpha_{short} = 0.160\alpha_1 + 0.291\alpha_2 + 0.243\alpha_3 + 0.116\alpha_4 \tag{3-50}$$

研究中反演地表反射率和反照率所使用的数据包括 HJ-CCD1 影像数据、MODIS BRDF/Albedo 产品数据以及 DEM 数据。

选用数据的时间范围为：2012 年 6~12 月，对应野外实验时间。

（1）HJ-CCD1 影像数据，TIFF 格式，空间分辨率为 30 m，投影方式为 UTM 投影。

（2）DEM 数据，GeoTIFF 格式，空间分辨率为 0.000279°，投影方式为等经纬度投影。

（3）MCD43A1 数据，为 MODIS BRDF/Albedo Model Parameters 数据，HDF 格式，空间分辨率 500 m，投影方式为正弦投影。该数据可提供历史核系数数据。

（4）MCD43A3 数据，为 MODIS 16 d 合成的反照率数据，HDF 格式，空间分辨率 500 m，投影方式为正弦投影。该数据作为反照率验证数据。

遥感影像数据预处理过程包括辐射校正（包括辐射定标和大气校正）、几何校正、重采样、数据格式转换、投影转换以及裁剪与拼接。

使用工具主要为 ENVI、MRT（MODIS Reproject Tool）。

预处理过程：①辐射校正（包括辐射定标和大气校正）和几何校正，得到环境卫星地表反射率影像数据，经过地形校正后再进行重采样，得到空间分辨率为 500 m 的地表反射率遥感影像。②将 MODIS 数据（MCD43A1、MCD43A3）进行格式转换和投影转换，均转为 UTM 投影，WGS84 坐标。③进行裁剪与拼接，得到目标研究区域（一般以行政区为单位）范围内的影像数据。

4. 生态脆弱区地表反照率反演结果与评价

为了对比单一数据源和多数据源协同反演的反照率结果，分别在以下四个研究区的反照率结果影像（HJ 星核驱动反演反照率结果、HJ 星&MCD43A1 协同反演反照率结果和 MCD43A3）中随机选取了 1000 个左右像元点进行拟合分析。

1）河北坝上

研究区为河北省张北县坝上地区，基于经过预处理的 HJ 星地表反射率数据（当地地势平坦，未进行地形校正操作）：①利用核驱动模型反演得到地表反照率，数据源单一［图 3-53（a）］；②结合 MODIS 数据（MCD43A1）使用反照率备份算法协同反演得到地表反照率［图 3-53（b）］，并与 MODIS 16 d 合成的反照率产品（MCD43A3）进行对比分析。

研究区 NDVI 整体相对偏低（0.1~0.4），对应的反照率结果分布范围主要集中于 0.1~0.22，并且备份算法反演得到的结果与 MCD43A3 反照率产品［图 3-53（c）］结果一致性较高，并且分布较集中。而核驱动算法得到的 HJ 反照率结果相对发散，在 NDVI 为

0.2~0.3 的范围内，三种反照率具有较好的分布一致性，其中，单一数据源 HJ 星反照率反演结果相对于其他两种结果偏低。实地测量时间与影像获取时间均为 6 月初，此时坝上草原植被不多，并且分布稀疏，由此可能导致 NDVI 偏低，反照率值不高。

备份算法反照率和 MCD43A3 反照率两种数据具有较好的相关性，并且其中 R^2=0.7868（图 3-54），仅由 HJ 星反射率数据反演得到的反照率与 MCD43A3 的相关性较差（图 3-55）。由上可知，多数据源协同反演得到的反照率结果（图 3-56）相对单一数据源精度更高。

(a) HJ星核驱动算法反照率结果图

(b) 备份算法反照率结果图

(c) MCD43A3反照率

图 3-53　张北县反照率反演结果

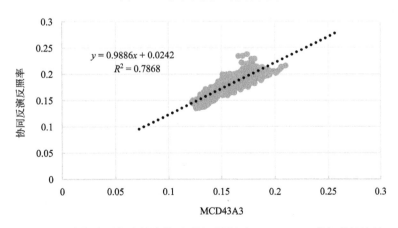

图 3-54　张北地区备份算法协同反演反照率与 MCD43A3 的相关性比较

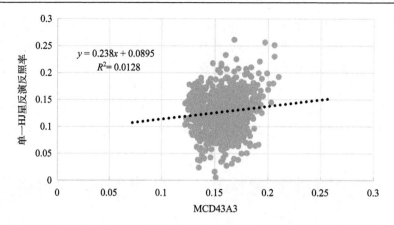

图 3-55　张北地区单一 HJ 星数据源反演反照率与 MCD43A3 的相关性比较

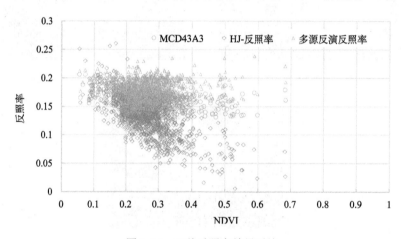

图 3-56　三种反照率结果对比

2) 四川若尔盖

四川若尔盖为高原地区，山地较多，地形复杂。因此，经过预处理得到的若尔盖地区地表反射率，还需进一步处理，即地形校正，来消除地形影响。再由备份算法反演地表反照率，并与 MODIS 的 16 天合成的反照率产品（MCD43A3）进行对比分析。

山地区域地表复杂，有剧烈起伏，导致地表不同像元之间互相遮挡，互相影响。例如，邻近像元会对中心像元辐射有所影响，中心像元辐射来源增多，导致反射率变大。因此，经过地形校正的地表反射率数据数值会变小，并更加接近地表真实反射率。

在经过地形校正的反射率数据基础之上：①利用核驱动模型（单一数据源）反演得到地表反照率[图 3-57（a）]；②结合 MODIS 数据（MCD43A1）使用反照率备份算法协同反演得到地表反照率[图 3-57（b）]，并与 MODIS16 d 合成的反照率产品（MCD43A3）[图 3-57（c）]进行交叉验证和对比分析。

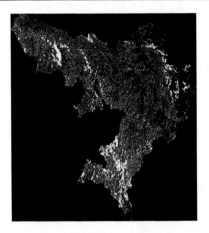
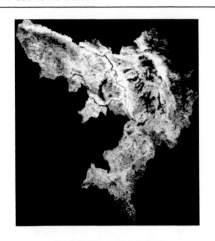

(a) HJ星核驱动算法反照率结果图　　　　　　　　(b) 备份算法反照率结果图

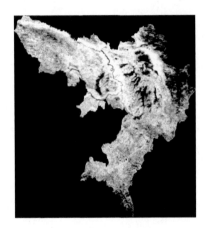

(c) MCD43A3反照率

图 3-57　若尔盖反照率遥感反演结果

通过对备份算法反照率结果与 MCD43A3 进行相关性分析比较(图 3-58),可发现两者相关性较好,相对于 MCD43A3 数据,备份算法协同反演结果的 R^2 可达 0.7026,而单一数据源反演得到的反照率相对于 MCD43A3 数据的 R^2 较小(图 3-59)。如图 3-60 所示,三种反照率结果具有较好的一致性,从整体看,MCD43A3 反照率结果偏大,备份算法协同反演结果在 NDVI 整体分布趋势上与其结果一致(0.05~0.15),但是反照率值偏低。

以 NDVI 为横坐标进行相关比较,在 NDVI 较大(0.7~0.9)时,三种反照率分布趋势一致,MCD43A3 反照率>核驱动算法反照率>备份算法反照率。相对于 MCD43A3,另外两种算法结果误差均小于 0.1,在 NDVI 较小时,备份算法反照率结果相对于 MCD43A3 误差高达 0.4。

野外实验和影像数据的获取时相为 6 月底,正是四川地区植被茂盛时期。NDVI 随着植被覆盖度的增大而增大,在若尔盖地区的主要植被为草地,因此,对于生长旺盛的草地地表覆盖研究区,相对单一数据源反演算法,利用 MODIS 数据基于备份算法协同反演反照率更加合适。

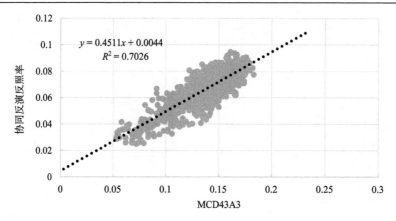

图 3-58　若尔盖地区备份算法协同反演反照率与 MCD43A3 的相关性比较

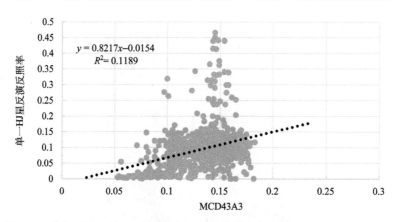

图 3-59　若尔盖地区单一 HJ 星数据源反演反照率与 MCD43A3 的相关性比较

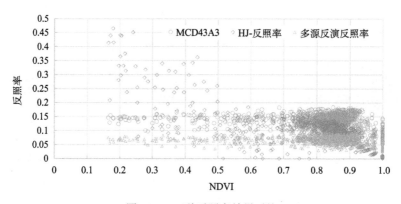

图 3-60　三种反照率结果对比

通过河北坝上和四川若尔盖的反演结果可知，多源数据协同反演算法更加适合于主要地表覆盖为草地的研究区的地表反照率反演。

3) 青海三江源

随着 NDVI 的增大，MCD43A3 与备份算法反照率结果均逐渐增大，表明地表覆盖对反照率分布确实有影响。并且反照率值主要集中分布于 0.1~0.2 之间,两者一致性很好,误差较小,但是相关程度一般,R^2 为 0.4862。而由核驱动模型得到的反照率结果值变化范围较大,并没有明确体现出与地表覆盖间的关系,并且与 MCD43A3 相比误差较大。三江源地域跨幅较大,经纬度范围为(33.93~36.01°N,88.93~100.19°E),地势变化剧烈,植被分布变化也比较大,单一 HJ 星数据反演得到的反照率结果与 MCD43A3 结果几乎不相关,相对 MCD43A3 误差也较大,备份算法相对更加适合该区域的地表反照率反演(图 3-61~图 3-64)。

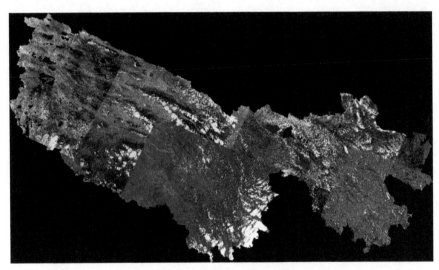

(a) HJ 星核驱动算法反照率结果图

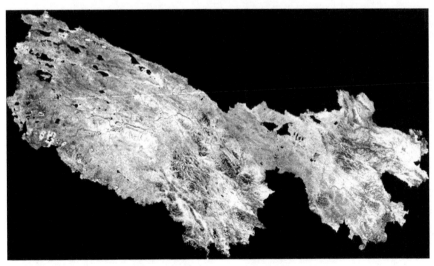

(b) 备份算法反照率结果图

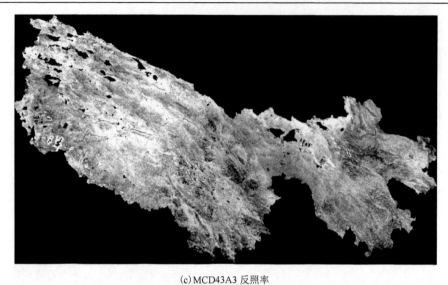

(c) MCD43A3 反照率

图 3-61　三江源反照率遥感反演结果

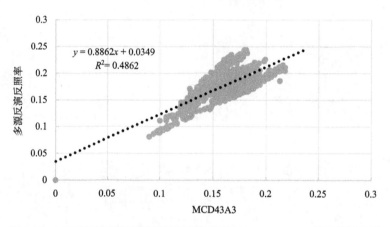

图 3-62　三江源地区备份算法协同反演反照率与 MCD43A3 的相关性比较

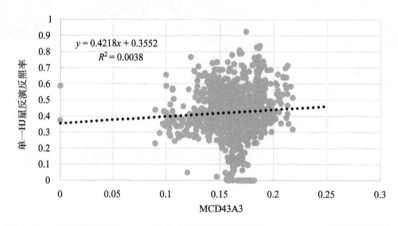

图 3-63　三江源地区单一 HJ 星数据源反演反照率与 MCD43A3 的相关性比较

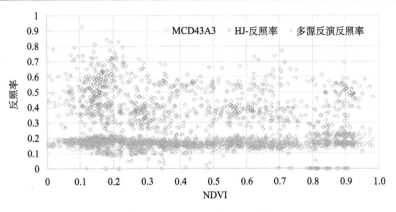

图 3-64　三种反照率结果对比

4) 江西泰和

泰和地区影像对应的时相为 2012 年 12 月，阴天或者小雨，影像质量较差，备份算法中缺失的反照率数据(核系数)是由往年的 MODIS 历史数据进行填补得到的。虽然已经是 12 月，但是江西的植被覆盖度仍然很高，马尾松等灌木较多分布。

NDVI 主要分布范围为 0.4~0.95，相对 MCD43A3 反照率(0.15~0.75)，备份算法结果(0.05~0.75)偏低，但是误差不超过 0.1，随着 NDVI 增大，误差有所减小。而单一 HJ 星核驱动算法结果出现了比较明显的变化趋势，NDVI 在 0.5~0.7 时，与 MCD43A3 误差较小，一致性较好，但是其他情况下误差较大。同时可以看出，随着 NDVI 的增大，反照率有逐渐变小的趋势，由 HJ 星单一反演得到的反照率变化尤为明显，其他两种反照率变化趋势相对细微。因此，反照率依然深受地表覆盖变化的影响，从反照率结果的值域和变化程度看，HJ 星数据与 MODIS 数据协同反演的方法更加适合地表反照率的反演(图 3-65~图 3-68)。

(a)HJ 星核驱动算法反照率结果图

(b)备份算法反照率结果图

(c) MCD43A3 反照率

图 3-65　泰和县反照率遥感反演结果

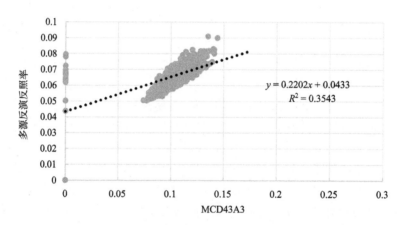

图 3-66　泰和地区备份算法协同反演反照率与 MCD43A3 的相关性比较

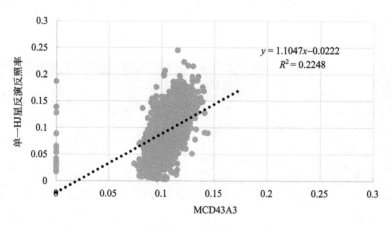

图 3-67　泰和地区单一 HJ 星数据源反演反照率与 MCD43A3 的相关性比较

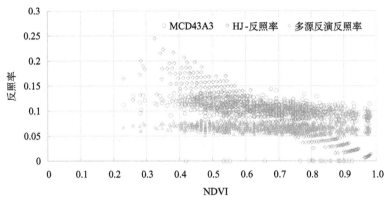

图 3-68　三种反照率结果对比

通过以上研究区的反照率反演结果的对比分析，整体来看，MCD43A3 反照率偏高，在河北坝上、四川若尔盖与江西泰和三个地区，三种反照率的值域分布大体是一致的，三江源地区协同反演算法结果与 MCD43A3 十分近似。同时，随着 NDVI 的增大，可以看出反照率的值或明显或细微地有所减小。以 MODIS 反照率产品作为交叉验证数据，HJ 星单一反演方法相对于其与 MODIS 数据协同反演方法相关性较小，误差相对较大，且不稳定，容易出现剧烈的数值变化。因此，在 HJ 星反演地表反照率的算法中，引入 MODIS 数据协同反演的方法更加合适，精度更高。

3.3.4　基于 HJ-1B 和 MODIS 数据协同反演地表温度

1. HJ-1B 卫星数据反演地表温度的可行性

国内外利用单窗算法反演地表温度的研究已经非常成熟，其中较具代表性的主要有辐射传输方程法、Jimenez-Mufloz 和 Sobrino 单窗算法(简称 JM&S 算法)和覃志豪单窗算法(简称 QK&B)。辐射传输方程法主要是根据卫星遥感器所接受到的热辐射强度值的构成来求地表温度，由于该方法需要的实时大气剖面探空数据获取困难，通常用标准大气剖面数据来代替，造成反演结果误差较大。

HJ-1B 卫星有效载荷为两台宽覆盖多光谱可见光相机(CCD)和一台红外相机(IRS)。与 Landsat 5 TM 传感器相似，HJ-1B 的 IRS 只有一个热红外通道，其光谱范围(10.4～12.5μm)也与 TM 6 非常接近，但相比于 Landsat 5 TM，HJ-1B 具有重访周期短(2 天)、幅宽大(720 km)等优势。

研究拟基于环境减灾小卫星 HJ-1B 数据，协同 MODIS 相关产品，分别利用单通道算法 JM＆S 算法和 QK&B 算法实现地表温度反演。

2. JM&S 算法

Jimenez-Mufloz 和 Sobrino 提出的普适性算法，是对普朗克函数在某个温度值 T_c 附近作一阶泰勒级数展开，只需要大气水汽含量和地表反射率参数，其计算公式如下。

$$T_{s} = \gamma\left[\varepsilon^{-1}\left(\psi_{1}L_{\text{sensor}} + \psi_{2}\right) + \psi_{3}\right] + \delta \tag{3-51}$$

$$\gamma = \left\{\frac{c_{2}L_{\text{sensor}}}{T^{2}_{\text{sensor}}}\left[\frac{\lambda^{4}}{c_{1}}L_{\text{sensor}} + \lambda^{-1}\right]\right\}^{-1} \tag{3-52}$$

$$\delta = -\gamma L_{\text{sensor}} + T_{\text{sensor}} \tag{3-53}$$

式中，T_s 为地表温度；L_{sensor} 为星上辐射亮度；T_{sensor} 为星上辐射亮度对应的亮度温度；λ 为有效波长；c_1 和 c_2 是 Plank 函数的常量。

$$c_{1} = 1.19104 \times 10^{8}\left[\text{W·μm}^{4}/(\text{m}^{2}\text{·sr})\right] \tag{3-54}$$

$$c_{2} = 1.438\,77 \times 10^{4}\,(\text{μm·K}) \tag{3-55}$$

大气函数 ψ_1、ψ_2 和 ψ_3 是关于大气水汽含量 ω 的函数，计算公式如下：

$$\psi_{1} = 0.0412\omega^{2} + 0.0936\omega + 0.9856 \tag{3-56}$$

$$\psi_{2} = -0.7174\omega^{2} - 0.8812\omega - 0.3941 \tag{3-57}$$

$$\psi_{3} = 0.2639\omega^{2} - 0.6499\omega + 0.4703 \tag{3-58}$$

JM&S 算法中的参数计算如下。

1）辐射强度和亮度温度

$$L_{\text{sensor}} = (\text{DN} - a)/g \tag{3-59}$$

$$T_{\text{sensor}} = K_{1}/\ln(1 + K_{2}/L_{\text{sensor}}) \tag{3-60}$$

式中，L_{sensor} 是热红外传感器所接收到的辐射强度；DN 为影像的灰度值；a 和 g 为辐射定标常量。计算出辐射强度之后，便可以根据 Planck 函数求解出星上亮度温度：

2）大气水汽含量

大气水汽含量可以通过实测，也可以采用不同的方法通过遥感数据计算得出。由于 MODIS 的第 2 和 19 波段对大气水汽含量较敏感，且 Terra / MODIS 的过境时间和 HJ-1B 卫星接近，本书用同时相的 MODIS 数据来计算与反演地区时空同步的大气水汽含量：

$$\omega = \left[\frac{\alpha - \ln(\dfrac{\rho_{19}}{\rho_{2}})}{\beta}\right]^{2} \tag{3-61}$$

式中，$\alpha = 0.02$；$\beta = 0.651$；ρ_{19} 和 ρ_{2} 为 MODIS 数据第 19 和第 2 波段的表观反射率。还要下载与 HJ-1B 时间同一一天的一景 MOD021KM-Level 1B Calibrated Radiances 产品，来计算大气水分含量影像数据。

3）比辐射率

比辐射率 ε 的计算综合采用覃志豪等及 Sobrino 等提出的估算方法。

当 NDVI<0.05 时，ε=0.973；

当 NDVI>0.7 时，ε=0.99；

当 0.05 ≤ NDVI ≤ 0.7 时，ε=0.004×P_v+0.986；

其中，

$$P_v = \left[\frac{\text{NDVI} - \text{NDVI}_{\min}}{\text{NDVI}_{\max} - \text{NDVI}_{\min}} \right]^2 \tag{3-62}$$

$$\text{NDVI} = \frac{\rho(\text{NIR}) - \rho(\text{Red})}{\rho(\text{NIR}) + \rho(\text{Red})} \tag{3-63}$$

式中，NDVI 为归一化植被指数；$\rho(\text{NIR})$ 和 $\rho(\text{Red})$ 分别为近红外和红波段的反射率；P_v 为植被在像元中的比重。

3. QK&B 算法

覃志豪等为了避免大气校正法对实地观测数据的依赖性，针对只有一个热红外通道的遥感数据，提出了一种简单易行的地表温度反演算法，表达式为

$$T_s = (a(1 - C - D) + (b(1 - C - D) + C + D)T - DT_a) / C \tag{3-64}$$

式中，T_s 为地表温度；T 为传感器的亮度温度；T_a 为大气平均作用温度；a 和 b 为系数，$a = -68.035$ 和 b=0.46372。

C、D 和 T_a 由下列公式计算得到：

$$C = \varepsilon\tau \tag{3-65}$$

$$D = (1 - \tau)\left[1 + (1 - \varepsilon)\tau\right] \tag{3-66}$$

对该算法进行修订来用于 HJ-1B IRS 反演地表温度，修订如下。

1) 系数 a 和 b 的修订

覃志豪等在 QK&B 算法中定义了一个温度参数 $L = B(T) / [B(T)/T]$，参数 L 的数值与温度具有很好的线性关系。根据这一特性，可以建立参数 L 和温度的关系：

$$L = a + bT \tag{3-67}$$

对于 HJ-1B 卫星热红外波段而言，在温度变化范围 0~70 ℃，上式的回归系数 $a = -68.035$ 和 b=0.46372，相关系数的平方 R^2= 0.999，RMSE =0.226。当图像的温度变化范围较窄时，对于 0~30℃，$a = -60.8969$ 和 $b = 0.439078$，RMSE =0.044；对于 20~50 ℃，$a = -68.3301$ 和 b =0.464012，RMSE= 0.042。

2) 大气透过率估算方程修订

大气透过率的变化主要取决于大气水汽含量的动态变化，其他因素因其动态变化不大而对大气透过率的变化没有显著影响，因此，大气水汽含量就成了大气透过率估计的主要考虑因素，TIGR(thermodynamic initial guess retrieval)是应用比较广泛的数据，它包含了全球不同地区不同季节的探空资料。数据内容包括经纬度、近地表气温、大气气

压廓线、气温廓线，水汽含量廓线和臭氧含量廓线。从 TIGR 数据中选取了 1413 条大气廓线数据，运行大气辐射传输软件 MODTRAN4 模拟大气水汽含量与大气透过率之间的关系，建立相关方程进行大气透过率的近似估算。HJ-1B 热红外波段的大气透过率估算方程表示为

$$\tau = 0.9821 - 0.1241\omega \quad (R^2 = 0.967) \tag{3-68}$$

3）大气平均作用温度估算方程修订

大气平均作用温度 T_a 主要取决于大气剖面气温分布和大气状态。因此，确定 T_a 需要大气剖面各层的实时气温和水汽含量。对于很多研究而言，这些实时数据一般是没有的，但一些大气辐射传输软件，如 LOWTRAN、MODT RAN 等，都提供了一些标准大气的详细剖面资料。

本书根据覃志豪等推导出的 T_a 近似计算公式，通过大气辐射传输软件 MODTRAN4 模拟得到 4 种标准大气的大气平均作用温度的估算方程（表 3-2）。

表 3-2　HJ-1B IRS 波段大气平均作用温度估算方程

大气模式	大气平均作用温度估算方程
热带大气	$T_a = 22.13009 + 0.89852T_0$
中纬度夏季大气	$T_a = 20.43072 + 0.90507T_0$
中纬度冬季大气	$T_a = 24.70005 + 0.88894T_0$
美国 1976 年标准大气	$T_a = 32.58992 + 0.85112T_0$

注：T_0 为近地表温度。

4. 反演结果分析与验证

为了验证本方法的有效性，研究采用具有较高精度的分辨率为 1 km 的 MODIS 温度产品作为验证数据。

选取 2012 年 8 月 9 日的环境减灾小卫星 HJ-1B 热红外数据，利用 JM&S 和 QK&B 算法得到了河北省张北县的地表温度分布图。从图 3-69 中可以看出反演的 HJ-1B/IRS LST 与 MOIDS 的 LST 产品在整体上比较一致。

针对四川若尔盖地表温度反演，选取了 2012 年 9 月 5 日的 HJ-1B CCD 和 HJ-1B/IRS 数据。利用 JM&S 和 QK&B 算法得到了河北省张北县的地表温度分布（图 3-70）。

HJ-1B 的 IRS 只有一个热红外通道，其光谱范围亦与 TM6 非常接近，但相比 Landsat 5 TM，HJ-1B 具有重访周期短（2 天），幅宽大（720 km）等优势。目前利用 HJ-1B 的热红外波段进行地表温度反演的研究尚不多见，本书利用普适性的单通道算法，对只有一个热红外通道的 HJ-1B 数据进行温度反演。通过将反演结果与 MODIS 的地表温度产品的对比，发现两者具有很好的一致性。因此，具有高时间分辨率、较大幅宽的 HJ-1B 数据在地表温度反演研究中将有更大的潜力和应用范围。本书由于缺乏卫星过境时研究区域的地面红外辐射数据，因此，无法对反演结果进行检验，有关这方面的研究还有待于继续深入。

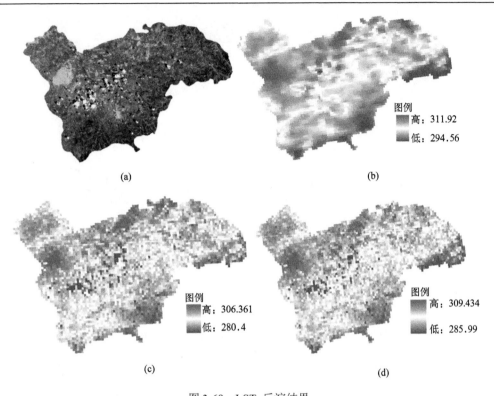

图 3-69　LST 反演结果

(a)原始影像；　(b)MODIS LST 产品；　(c)JM&S 反演的 HJ-1B/IRS LST 影像；
(d)QK& B 算法反演的 HJ-1B/IRS LST 影像

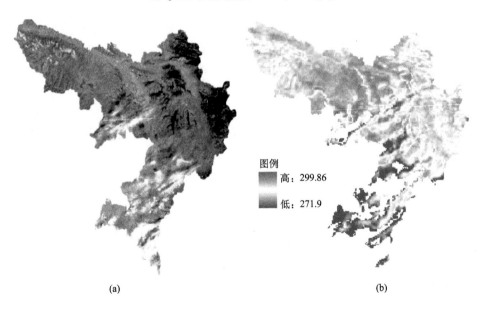

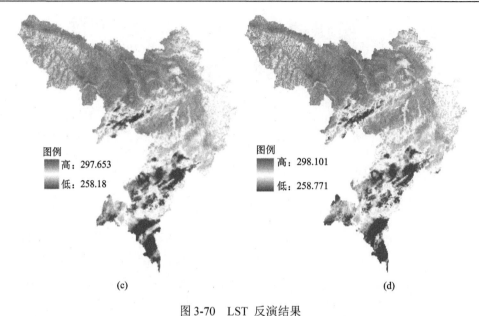

图 3-70　LST 反演结果

(a)原始影像；(b)MODIS LST 产品；(c)JM&S 反演的 HJ-1B/IRS LST 影像；
(d)QK& B 算法反演的 HJ-1B/IRS LST 影像

3.3.5　基于三波段生物光学模型协同反演水体叶绿素浓度

1. HJ-1A 星反演水体叶绿素浓度的可行性

水体叶绿素 a(Chla)浓度是浮游生物分布的指标，是衡量水体初级生产力和富营养化程度最基本的指标，也是沿海水陆交接区生态脆弱性评价的重要影响要素。一类水体(海水)的 Chla 浓度可以通过蓝绿光波段的比值反演得到；二类水体(内陆湖泊、河流、沿海水体)由于受黄色物质、叶绿素、悬浮泥沙等的混合影响，Chla 浓度反演难度较大。

Moses 等的研究表明，三波段生物光学模型可以较好地反演得到二类水体的 Chla 浓度。但三波段生物光学模型反演 Chla 浓度对光谱分辨率要求较高，然而前人研究中利用的数据有很大的局限性。

HJ-1A HSI 数据以其波谱分辨率高、全覆盖、空间分辨率高等特征，为反演二类水体的 Chla 浓度提供了一种新的数据源。

本研究拟利用 HJ-1A HSI 数据和地物光谱辐射计 ISI921VF-512T 反演沿海水体 Chla 浓度。研究主要为了探究 HJ-1A HSI 数据和地物光谱辐射计数据用于反演厦门沿海水体 Chla 浓度的三波段位置，评价 HJ-1A HSI 数据在反演二类水体 Chla 浓度中的应用前景。

2. 研究区和数据

研究区为位于我国沿海水陆交接生态脆弱区的福建厦门沿海，总面积为 239km^2，位于 24°20′ ~ 24°36′N, 117°55′ ~ 118°15′E。

研究中用到的实测数据包括：地物光谱辐射计 ISI921VF-512T 采集的实测光谱，光谱分辨率为 0.7 nm，21 个水体 Chla 浓度的采样点，数据采集时间为 2013 年 7 月（图 3-71）。研究中用到的遥感数据为 HJ-1A HSI 数据，数据时间为 2013 年 5 月 24 日。HJ-1A HSI 数据由于波段间隔短，光谱分辨率高，且是卫星成像，数据信噪比低，因此，去噪处理对 HJ-1A HSI 数据来说尤其重要。研究中我们采用 MNF 变换的方法对 HJ-1A HSI 数据进行去噪处理。

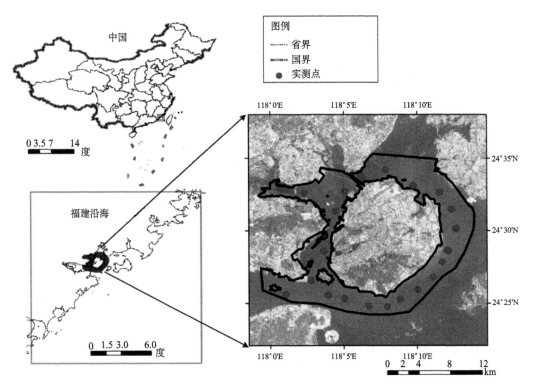

图 3-71　研究区地理位置及实测水体 Chla 浓度样点分布图

3. 三波段生物光学模型

生物光学模型的基本原理是建立水体的波谱反射信号与水体的吸收和散射系数的关系（Gordon et al., 1988）。其表达公式为

$$R_{rs} \propto \gamma \frac{b_b(\lambda)}{a(\lambda) + b_b(\lambda)} \tag{3-69}$$

式中，$a(\lambda)$ 是水体的吸收系数，主要包括水中浮游植物、溶解有机质、悬浮物质的吸收；$b_b(\lambda)$ 代表水体的散射系数。

三波段生物光学模型：Gitelson 等研究表明三波段生物光学模型可以很好地提取二类水体中浮游植物的浓度。其表达公式为

$$C_{pigm} \propto \left[R^{-1}(\lambda_1) - R^{-1}(\lambda_2) \right] \times R(\lambda_3) \tag{3-70}$$

模型对三波段的要求：λ_1 位于 660~690 nm；λ_2 位于 710~730 nm；λ_3 位于近红外波段。

　　HJ-1A HSI 数据特征为：波段范围为 450~950 nm，波谱分辨率为 0.43 nm，满足上述模型的波段要求。基于 HJ-1A HSI 数据反演沿海水体叶绿素 a 浓度待解决的关键技术问题在于如何从数千个满足条件的三波段组合中选取最优波段组合。

4. 基于地物光谱辐射计和 HJ-1A HSI 数据的水体叶绿素 a 浓度反演建模

　　根据波段要求，结合上述对厦门沿海地区水体光谱特征的分析：λ_1 位于 660~690 nm，λ_2 位于 710~730 nm，λ_3 位于近红外波段。应用地面实测 21 个点位数据在 3 个波段选择范围内分别进行迭代：从 λ_1 开始，将 λ_2、λ_3 波段固定为 700 nm 和 730 nm，在 λ_1 的迭代范围内进行迭代，在结果中选取均方根误差最小、相关性最大的波段作为 λ_1 的输出波段，加入到 λ_2 的迭代中，完成 λ_2 的迭代后继续迭代 λ_3，直至将三个波段迭代完成，再一次迭代 λ_1，若结果波段与第一次迭代相同，则已选出的三个波段为最优波段，否则，继续迭代，直至出现相同的迭代结果。

　　基于地物光谱辐射计实测波谱数据，我们选出了最适于 Chla 浓度反演的三波段位置，并预测了模型精度，如图 3-72 所示。

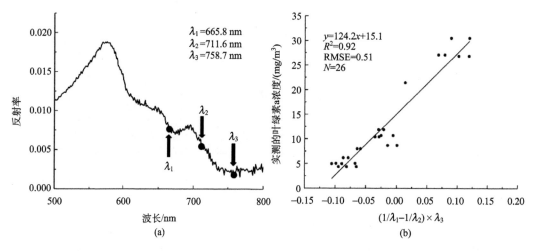

图 3-72　基于地物光谱辐射计数据的三波段位置和 Chla 浓度反演模型拟合关系

　　将利用地物光谱辐射计实测波谱数据模型直接应用于 HJ-1A 高光谱影像反演叶绿素 a 浓度，发现反演结果出现了负值，并且叶绿素 a 浓度估值都偏小，说明需要利用高光谱影像数据，重新构建模型。在前述分析沿海水陆交接区水体光学特征的前提下，基于 HJ-1A 高光谱数据，同样应用迭代方法选取三波段模型的最优波段，如图 3-73 所示。

5. 验证及评价

　　我们通过与野外实测光谱对比分析，证明 HJ-1A HSI 数据在去噪处理之后所得光谱可以正确反映水体的光谱曲线走势。通过野外 21 个点的实测 Chla 浓度与三波段生物光学模型所得结果对比分析（$R^2=0.78$，RMSE= 0.45 mg/m^3），证明了模型的可靠性。此外，我们将三波段生物光学模型与单波段模型、归一化反射率模型、一阶微分导数模型等前人常用的模型进行了对比分析，再次证明了单波段生物光学模型在反演沿海二类水体叶绿素 a 浓度时的优势（表 3-3）。

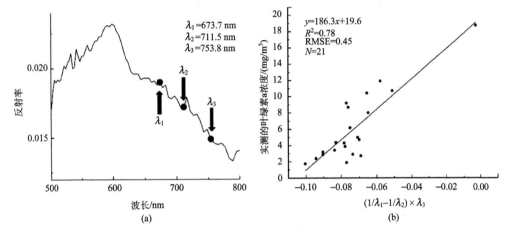

图 3-73　基于 HJ-1A HSI 数据的三波段位置和 Chla 浓度反演模型拟合关系

表 3-3　利用三波段生物学模型的 Chla 浓度反演精度与其他模型反演精度的对比

模型	R^2	RMSE
单波段反射率（λ=682.8 nm）	0.57	4.3 mg/m³
归一化波段反射率（λ=682.8 nm）	0.63	3.7 mg/m³
反射率的一阶导数（λ=682.8 nm）	0.56	2.8 mg/m³
三波段生物光学模型	0.77	0.45 mg/m³

　　研究中我们基于 HJ-1A HSI 数据，利用研究区 Chla 浓度反演模型：

$$\text{chla} = 11.3 + 186.3 \times \begin{bmatrix} \left[R^{-1}(673.7\,\text{nm}) - R^{-1}(711.5\,\text{nm}) \right] \\ \times R(753.8\,\text{nm}) \end{bmatrix}$$

，最终得到了厦门沿海水体的叶绿素 a 浓度分布图，如图 3-74 所示。

　　经过验证可以得出以下结论：①HJ-1A HSI 数据的波段设计，波谱分辨率恰好符合三波段生物光学模型关于反演二类水体 Chla 浓度的要求；②去噪处理之后 HJ-1A HSI 数据光谱的可分性增强；③通过遍历所有波段组合选出最优波段组合可以得到最优的 Chla 浓度反演结果；④HJ-1A HSI 数据反演二类水体 Chla 浓度精度高；⑤与其他 Chla 浓度反演模型对比分析可知三波段生物光学模型反演二类水体 Chla 浓度精度更高。

3.3.6　基于 MODIS 数据和 AMSR-E 数据的协同反演冰雪信息

1. 雪盖指数模型

　　雪盖指数协同反演模型的研究和构建基本按照原技术方案进行，目前已实现利用 MODIS 数据和 AMSR-E 数据的协同反演模型构建。具体阐述如下。

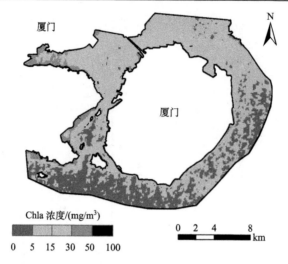

图 3-74　利用三波段生物学模型反演的厦门沿海水体 Chla 浓度分布图

　　针对单日雪盖产品、被动微波积雪信息和连续日期可见光-近红外遥感积雪信息的各自优势，提出了多源遥感积雪信息提取合成算法。被动微波和连续日期可见光-近红外遥感积雪信息分别由 AMSR-E 数据和 MODIS 八日合成反射率数据通过决策树分类法得到。

　　试验区为美国寒区过程实验 CLPX（cold land processes field experiment plan）的研究区。区内包含了不同的地理、气候、水文和生态特征，可代表全球主要的寒区特征。CLPX 实验收集了丰富的地面实测、机载实验数据资料，能够在进一步的研究中发挥作用（图 3-75）。

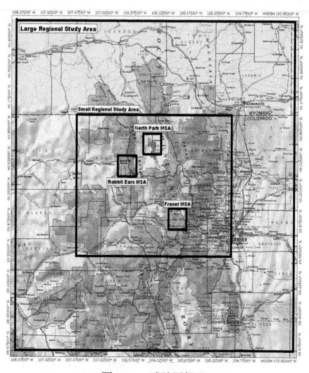

图 3-75　试验区概况

1) MODIS 数据雪盖信息提取（图 3-76 和图 3-77）

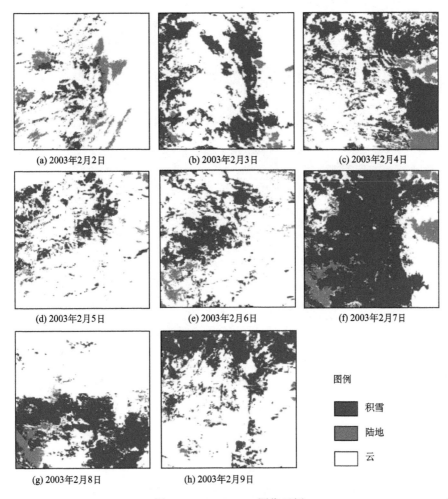

(a) 2003年2月2日　　　　(b) 2003年2月3日　　　　(c) 2003年2月4日

(d) 2003年2月5日　　　　(e) 2003年2月6日　　　　(f) 2003年2月7日

(g) 2003年2月8日　　　　(h) 2003年2月9日

图例

■ 积雪

■ 陆地

□ 云

图 3-76　MOD10A1 图像示例

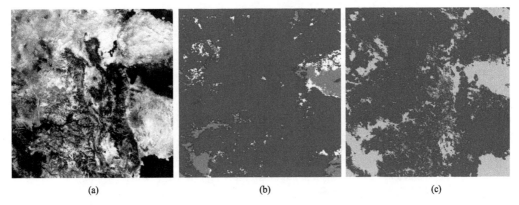

(a)　　　　　　　　　(b)　　　　　　　　　(c)

图 3-77　MOD09A1 数据积雪提取结果示例

(a)MODIS 八日合成地表反射率；(b)MODIS 八日合成雪盖；(c)MODIS 八日合成反射率数据提取雪盖

2）AMSR-E 数据雪盖信息提取（图 3-78）

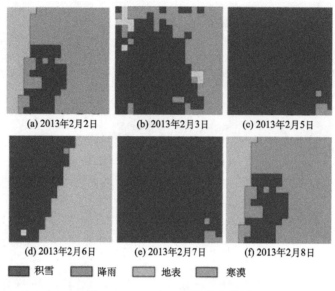

(a) 2013年2月2日　　(b) 2013年2月3日　　(c) 2013年2月5日

(d) 2013年2月6日　　(e) 2013年2月7日　　(f) 2013年2月8日

■ 积雪　　■ 降雨　　■ 地表　　■ 寒漠

图 3-78　AMSR-E 雪盖提取结果

3）MODIS 和 AMSR-E 提取雪盖的合成算法

　　合成的雪盖信息在时间尺度上覆盖范围大体一致、比较连续，在空间尺度上具有 MODIS 数据 500 m 分辨率的优势，一定程度上克服了光学遥感数据易受云雾影响、微波遥感数据易受地表散射体影响的缺点，能够更准确地表达地表真实的雪盖信息（图 3-79）。

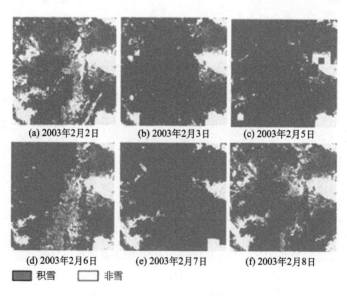

(a) 2003年2月2日　　(b) 2003年2月3日　　(c) 2003年2月5日

(d) 2003年2月6日　　(e) 2003年2月7日　　(f) 2003年2月8日

■ 积雪　　□ 非雪

图 3-79　MODIS 和 AMSR-E 提取雪盖的合成算法结果

2. 积雪深度模型

雪水当量是反映地表积雪量变化的重要因子，是地表水文模型和气候模型中的一个重要参数。由于地表积雪量对全球气候变化研究、大尺度径流估算与水资源管理等方面都有很重要的意义，因此，对雪水当量参数的估计也就显得尤为重要。雪深和雪水当量表达的都是积雪的深度信息，两者从理论上可以互相转换，而雪水当量是目前研究的主流，为方便将模型结果进行验证和与其他成熟模型相对比，故将其微调为雪水当量来进行建模研究。

为了满足雪水当量数值在空间上的连续性，利用遥感技术来对其进行估算是唯一有效的方法。在当前的积雪信息(积雪覆盖、雪水当量)反演研究中，基于微波遥感数据的半经验线性算法是主流，应用最为广泛。光学遥感数据的积雪信息反演方法，主要局限在于缺乏物理理论基础，雪面反射率与雪水当量间的关系容易饱和，而且受天气条件、下垫面性质、光照条件、地形起伏等诸多因素的影响。目前开展的大多数研究都以模型验证和具体应用为主，缺少基于物理过程模拟的机理研究。被动微波遥感反演雪水当量方法，则有相对成熟的物理理论为基础，有大量的地面实测、机载实验和星载实验为依据，已经被验证了其可行性和实用性。美国 AMSR-E 数据的雪水当量产品、中国的雪深长时间序列数据集都是利用被动微波遥感数据，采用半经验线性算法生产的。但是，积雪信息提取和雪水当量反演研究中还存在以下问题：①混合像元问题。星载微波辐射计分辨率很低(几千米至几十千米)，地表覆盖的空间异质性导致被动微波亮温混合像元问题严重。卫星测量到的地表辐射信号，通常由几种不同的地表覆盖信息混合而成，而且受像元内不同组分的辐射特征、温度、面积比的影响。在利用星载微波辐射计信号的研究中，混合像元问题对雪水当量反演起着主导影响。②积雪自身特性的影响。积雪自身特性包括粒径大小、雪层内部粒径分布、雪粒形状、液态含水量等多种参数，能够显著地影响被动微波观测信号。但目前还没有成熟的技术能够测量这些参数，而且在积雪特性对反演的影响以及多种参数间的相互作用方面缺乏深入的研究，给积雪辐射传输模型的验证带来困难，给雪水当量反演引入一定的误差。③下垫面性质的影响。下垫面性质不仅能够影响被动微波亮温混合像元问题，而且下垫面介电特性、粗糙度、土地覆盖类型等因素会影响雪面微波辐射信号的传输过程，下垫面地表覆盖物体自身的微波辐射信号也会对星载微波辐射计接收到的雪面信号形成干扰，给雪水当量反演带来难度和精度问题。④准确提取积雪信息的问题。积雪信息提取是积雪监测的重要内容，也是雪水当量反演的基础。被动微波亮温差与雪水当量间的线性关系，仅能适用于积雪覆盖的像元。对非积雪地表应用雪水当量反演模型会产生不合理的结果，因此，需要准确地提取积雪范围。被动微波辐射信号能够识别地表积雪并且不受云雾影响，但空间尺度较粗、分类精度偏低。光学遥感数据积雪信息提取方法有着空间分辨率高、精度高的优点，但易受到云雾遮挡的影响。因此，实现多源遥感数据有效协同，形成区域积雪的全天候协同监测，已成为积雪遥感发展中的关键问题，也是准确提取积雪信息的一种解决思路。

本研究建立了基于多源遥感数据，适用于不同积雪和地表覆盖类型的雪水当量分区反演模型，并通过实验验证了方法有效性。结合积雪类型和土地覆盖类型，将实验区划分为四种主要类型：林地草原积雪、草地草原积雪、林地高山积雪，以及草地高山积雪（图 3-80）。

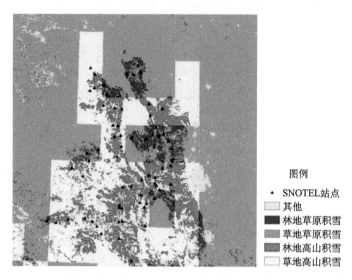

图例

▲ SNOTEL站点
　其他
　林地草原积雪
　草地草原积雪
　林地高山积雪
　草地高山积雪

图 3-80　基于积雪和土地覆盖类型分段图

考虑到混合像元对雪水当量反演的影响，本书在张氏算法的基础上引入雪覆盖率因子。雪覆盖率是在 AMSR-E 数据亚像元尺度上，通过 MODIS 地表反射率数据计算进而扩展至 AMSR-E 数据 25 km 像元尺度而得出的。同时考虑到积雪性质和下垫面性质的影响，针对不同积雪类型和土地覆盖类型状况建立了雪水当量分区反演模型（图 3-81）。

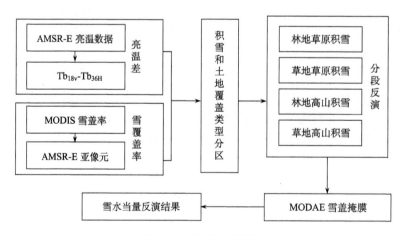

图 3-81　模型实现流程

雪水当量的分布在连续日期间比较连续。同时，从积雪类型和土地覆盖类型分区结果可看出，雪水当量较大的值多分布于草地草原积雪和草地高山积雪。与张氏算法的比较结果表明，本算法具有较高精度（图 3-82 和图 3-83）。

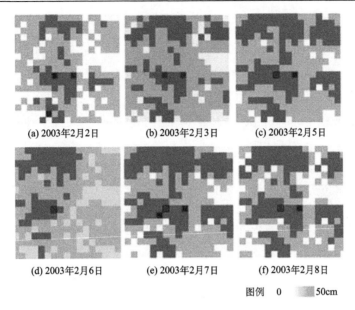

(a) 2003年2月2日　　　　(b) 2003年2月3日　　　　(c) 2003年2月5日

(d) 2003年2月6日　　　　(e) 2003年2月7日　　　　(f) 2003年2月8日

图例　0　[   ]　50cm

图 3-82　算法应用结果

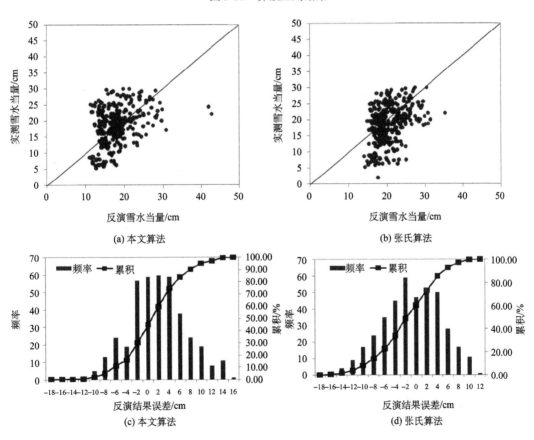

(a) 本文算法　　　　　　　　　　　　　　　(b) 张氏算法

(c) 本文算法　　　　　　　　　　　　　　　(d) 张氏算法

图 3-83　与张氏算法的比较分析

3.3.7　基于 GPS-R 数据和光学数据协同反演土壤含水量

1. GPS-R 和 Landsat TM 数据协同反演植被覆盖地表土壤含水量

GPS-R 遥感是近年来提出的一种新型遥感手段,基于 GPS-R 数据反演区域土壤含水量也成为近年来的研究热点。GPS-R 土壤含水量反演的基本原理是据 GPS 反射信号功率和土壤介电常数的函数关系求得土壤介电常数,进而根据土壤介电模型反演得到土壤含水量。该原理适用于裸土或者植被覆盖极少的情况,对于高植被覆盖地表,则反演精度较差。同时,其中也没有涉及对 GPS-R 信号校正的考虑。GPS 直射信号在到达接收机的直射天线之前,存在多路径效应;另外,接收机直射通道与反射通道之间存在天线、器件特性不一致等问题,导致直射和反射功率之间存在差异。因此,GPS 反射信号接收机在被作为反射计使用之前,直射通道和反射通道都必须进行校准,即通过校正得到准确的地表反射率。利用 Landsat TM 数据能够简单地计算得到 NDVI,可以提供土壤表面的植被覆盖信息。因此,该部分的研究重点放在 GPS 信号校正、基于 NDVI 的高植被覆盖地表 GPS 信号修正,以及基于修正后信号的土壤含水量估算等方面。

1) GPS 信号校正方法研究

GPS 直射信号在到达接收机的直射天线之前,存在多路径效应;另外,接收机直射通道与反射通道之间存在天线、器件特性不一致等问题,导致直射和反射功率之间存在差异。因此,GPS 反射信号接收机在被作为反射计使用之前,直射通道和反射通道都必须进行校准,即通过校正得到准确的地表反射率。

直射信号校正:在 GPS 信号接收时段内,影响 GPS 直射信号功率的因素主要包括多路径效应和卫星高度角变化。一般情况下,进行一次 GPS 反射信号测量需要的时间仅为几个小时,在这期间卫星高度角变化不大,因此,可以忽略高度角变化对直射信号功率的影响,仅考虑多路径效应产生的误差。为消除多径误差,可将测量得到的直射信号功率 P_d 进行多项式拟合,一般采用三次多项式的形式进行修正,得到校准后的直射信号功率 P_d'。

反射信号校正:完成直射信号校准后,还需进一步消除直射通道和反射通道之间的差异,可采用同步的水面反射试验校准方法,如在进行机载 GPS 信号测量试验时,可在陆面数据采集的同时,对该区域附近的平静水面上空进行同步观测实验,通过记录的水面直射信号与反射信号的相关功率,得到一系列测量的水面反射率,进而求得反射率均值 Γ_{GPS}^w,通过下式得到该区域的反射信号校正系数 f_c:

$$f_c = \Gamma_{GPS}^w / \Gamma^w \tag{3-71}$$

式中,Γ^w 为常规入射角条件下水面在 GPS L 波段的反射率。故校正后的反射信号功率 P_r' 可以表示为

$$P_r' = f_c P_r \tag{3-72}$$

校正后的地表反射率 Γ_{GPS}' 可以通过下式计算得到

$$\Gamma'_{\text{GPS}} = P'_r / P'_d \tag{3-73}$$

因此，利用校准后的地表反射率 Γ'_{GPS} 代替原来的 Γ_{GPS}，可以建立基于校正后 GPS 信号的土壤含水量反演模型。

2) 基于 NDVI 的高植被覆盖地表 GPS 信号校正系数修正方法研究

对于高植被覆盖区域，植被层对 GPS 信号的反射作用是造成校正后模型估算误差较大的主要因素。根据 Ulaby 等 (1987) 的研究结论，植被层对土壤表面反射率有衰减作用，即区域内 NDVI 值越大，GPS 接收天线接收到的土壤反射越少。在高植被覆盖区域，反射信号校正系数 f_c 实际上忽略了植被层反射的影响，将土壤和植被的综合反射功率当作土壤自身的反射，造成反射信号校正系数偏大，出现校正过度的问题，且植被覆盖度越高，f_c 偏差越大。因此，针对高植被覆盖区域，研究考虑结合 NDVI，提出反射信号校正系数的植被衰减因子，进一步对 f_c 进行修正。

加入植被衰减因子 V_c，得到修正后的反射信号功率

$$P''_r = (f_c \cdot V_c) P_r \tag{3-74}$$

将植被的影响考虑为线性变化，对 f_c 的增量进行修正，得到 V_c 的表达式

$$V_c = [1 + [(1 - f_c)(1 - a \cdot \text{NDVI})]] / f_c \tag{3-75}$$

式中，a 为线性变化系数，且 $0 \leqslant a \leqslant 1$。令

$$f'_c = 1 + [(1 - f_c)(1 - a \cdot \text{NDVI})] \tag{3-76}$$

得到

$$P''_r = f'_c P_r \tag{3-77}$$

式中，f'_c 即为考虑植被衰减的反射信号校正系数。利用 f'_c 代入公式重新计算土壤反射率，可以得到修正后的土壤含水量估算结果。

算法流程图如图 3-84 所示。

同时，结合实地测量数据，对算法进行验证和评价。图 3-85 为 GPS-R、Landsat TM 协同反演模型验证区域 21 个地块的空间分布，植被类型包括大豆和玉米。两者的长势状况如图 3-86 所示，大豆在该时段内处于生长初期，而玉米则长势良好，基本覆盖裸土地表。

图 3-87 为土壤含水量协同反演算法结果分析，包括裸土/低植被覆盖地表的 GPS-R 反演方法分析 (信号校正前、信号校正后的反演结果、实测土壤含水量的比较)，以及高植被覆盖地表的 GPS-R、TM 协同反演方法分析 (对比分析了 GPS 信号校正前后、基于 NDVI 修正后、地面实测土壤含水量等的结果)。

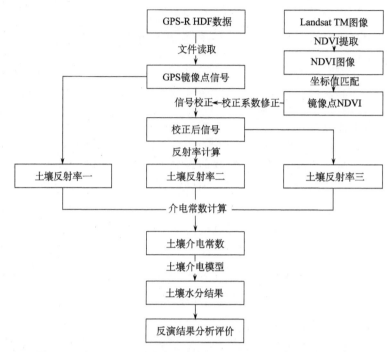

图 3-84 GPS-R、Landsat TM 数据协同反演土壤含水量算法流程

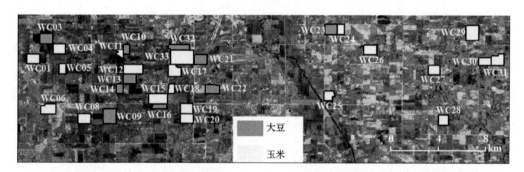

图 3-85 GPS-R、Landsat TM 协同反演模型验证区域地块的空间分布

(a) 大豆   (b) 玉米

图 3-86 GPS-R、Landsat TM 协同反演验证区域植被覆盖状况

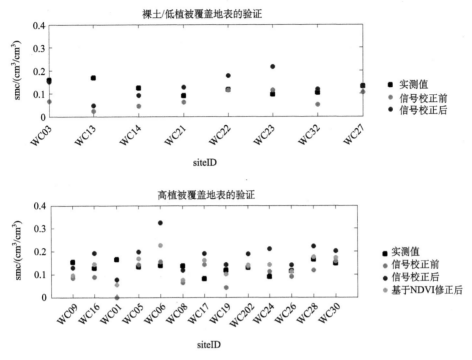

图 3-87　GPS-R、TM 土壤含水量协同反演算法结果分析

2. GPS-R 和 MODIS 数据协同反演植被覆盖地表土壤含水量

上述 GPS-R 土壤含水量估算方法实际上属于传统意义上的一种思路，即在 GPS 反射信号测量系统中，GPS 卫星与地球表面、反射信号接收机构成一种收发分置雷达工作方式。接收机一般采用两副天线：一副为向上的低增益右旋圆极化(right hand circular polarized，RHCP)天线，用于接收直射信号；另一副为向下的高增益左旋圆极化(left hand circular polarized，LHCP)天线，用于接收地面反射信号。通过测量 GPS 反射、直射信号功率得到地表特征信息。

与此不同，Larson 等(2010)提出了一种利用 GPS 信噪比(signal-to-noise，SNR)的相位估算土壤含水量的新方法，该方法的优势是采用普通用于定位功能的 GPS 接收机天线接收信号，无需额外进行特殊的配置。该方法适合进行地基长时间序列的观测与反演，得到逐日的土壤含水量含量反演结果。但是，植被覆盖也同样会对 GPS SNR 信号相位产生衰减效应。MODIS 数据具有较高的时间分辨率，可以利用其 NDWI 计算得到每日的 VWC，在这方面的研究已经比较成熟。因此，能否利用 MODIS 提供的 VWC 信息对 GPS SNR 相位进行修正，进而得到更精确的植被覆盖地表土壤含水量反演结果，是本研究考虑的另一个重要思路。

1)GPS SNR 数据反演裸土地表土壤含水量的方法

利用 GPS SNR 数据可以用来反演 GPS 站点周围 1 000m^2 范围内的土壤含水量，其具体观测范围取决于 GPS 卫星高度角和接收天线高度。GPS SNR 土壤含水量反演的基本原理是：GPS SNR 信号相位值与土壤含水量之间存在线性关系，因此，通过 GPS SNR 数据相位可以估算得到土壤含水量值。根据 Larson 等（2010）的模型，SNR 信号功率可以描述为

$$\text{SNR} = A\cos(\frac{4\pi h}{\lambda}\sin E + \phi) \tag{3-78}$$

式中，SNR 为信号功率（单位：volts）；h 为天线高度；E 为卫星高度角；λ 为波长，对于 GPS L2 波段，$\lambda = 0.244\text{m}$；A 为信号振幅；ϕ 为信号相位。

根据上述公式，可以采用最小二乘拟合方法计算出 ϕ，进而可以根据线性关系估算土壤含水量。此处，ϕ 与土壤含水量的线性关系可以描述为

$$m_{\text{v}} = (\min_{m_{\text{v}}} + 1.48\phi)/100 \tag{3-79}$$

式中，$\min_{m_{\text{v}}}$ 为土壤含水量基数，验证本算法时从 STATSGO（soils data for the conterminous United States derived from the NRCS state soil geographic data base）数据库中计算得到 $\min_{m_{\text{v}}}$。

2）利用 MODIS 数据修正植被覆盖地表 GPS SNR 信号相位的方法

植被覆盖会造成 GPS SNR 信号相位值小于实际值，进而造成土壤含水量估算不精确。因此，必须对信号进行修正，去除植被效应的影响。研究探索利用 VWC 修正 GPS SNR 信号的方法，基本原理是：利用 GPS SNR 信号振幅和 MODIS NDWI 联合获取 VWC，然后根据 Ulaby 等（1986）提出的植被衰减理论，从原始的 GPS SNR 信号中分离出土壤含水量的贡献部分，仅将这部分信号做为研究对象，重新采用 1）中的裸土模型进行计算，得到植被覆盖地表的土壤含水量。

根据 Ulaby 等（1986）提出的植被衰减理论，植被衰减效应是植被不透明度和信号入射角的函数，即

$$L = \tau \cdot \text{e}^{\sec(\alpha)} \tag{3-80}$$

其中

$$\tau = b \cdot \text{VWC} \tag{3-81}$$

式中，L 为植被衰减因子；τ 为植被不透明度；α 为入射角；b 为常数，取决于植被类型；VWC 为植被水分。因此，在已知植被水分的条件下，可以计算出植被衰减因子。

对于 GPS SNR 信号来说，有

$$L = \sqrt{\frac{\text{SNR}_{\text{total}}}{\text{SNR}_{\text{soil}}}} \tag{3-82}$$

因此，可将 SNR 信号中土壤含水量的贡献 SNR_{soil} 分离出来，然后再利用裸土模型进行土壤含水量估算。该算法的精度在很大程度上取决于植被水分的估算精度。

根据以上研究，算法流程如图 3-88 所示。

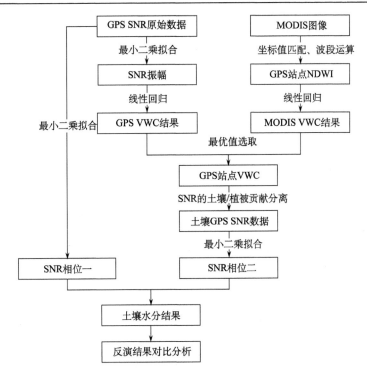

图 3-88　GPS-R、MODIS 数据协同反演土壤含水量算法流程

　　同时，结合实地测量数据，对算法进行验证和评价。图 3-89 为 GPS-R、MODIS 协同反演验证区域植被覆盖状况。站点名称为 bcw2；植被类型为小麦。研究将整个小麦生长周期做为研究对象，研究和验证长时间序列植被覆盖地表的土壤含水量协同反演方法。验证结果如图 3-90 所示，列出了小麦生长周期内 GPS SNR 相位和土壤含水量估算结果

图 3-89　GPS-R、MODIS 协同反演验证区域植被覆盖状况

站点名称：bcw2；植被类型：小麦

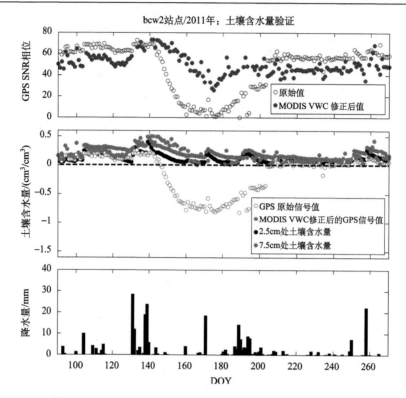

图 3-90　GPS-R、MODIS 土壤含水量协同反演算法结果分析

的对比。第一栏为 GPS 原始数据计算的相位值与 MODIS VWC 修正后相位值的对比，可见该算法能够在一定程度上去除植被效应的影响；从第二栏的土壤含水量估算结果对比中能够更清晰地反映植被效应的去除情况(绿色空心圆和绿色实心圆)，同时，将模型估算结果与 2.5 cm 和 7.5 cm 的土壤含水量实测结果进行对比。可见，从长时间序列的观测来看，模型已经在植被效应去除上取得了较好的结果，尽管在具体针对某一天的估算结果上，仍会存在偏差，这与 GPS SNR 观测数据质量、降雨、气温等有直接关系，进一步的研究可考虑结合这些因素，获取更精确的土壤含水量估计值。

3.3.8　基于 RTK 与地面激光雷达混合测量提取地形相关因子

1. 混合测量方案

地形因子是一种间接的生态因子，它通过对光、温度、水分、养分等的重新分配而对植物生长起作用。它从不同的视角定量地描述了一定尺度条件下地貌的形态特征。既可反映微观坡面的地表物质迁移与能量转换的强度，又能在宏观上揭示地表形态起伏的基本格局，同时，通过地形因子在时间与空间上的变异特征，也可反演出地貌形态的发育，研究区域地貌及地理的演化趋势。作为影响水土流失的重要因素之一，地形决定了土壤侵蚀的方式和侵蚀强度。

目前，地形因子的提取基本都是基于数字高程模型来完成的，但是 DEM 自身的数据特征决定不同尺度的 DEM 数据对地面的表达能力不同。我国常用的 DEM 数据主要是 30 m 空间分辨率的 ASTER DEM 数据或者 90 m 空间分辨率的 SRTM DEM 数据。为了获得研究区内更高精度的 DEM 数据，进而获取研究区的地形因子，需要综合利用实时动态控制系统(RTK)与地面激光雷达进行混合测量。

测区位于若尔盖湿地保护中心北部，中心经纬度为：33°58′51.39″N, 102°38′17.47″E。测量范围为 27 km²。测区北部地势变化明显，海拔较高，南部地势起伏平缓。

RTK 采用南方 S82 系统，测量精度为水平方向：1 cm+1 ppm×D，高程方向：2 cm+ 1 ppm×D(D 为距离基站的距离，以 km 为单位进行计量)。激光雷达采用徕卡 HDS8800 系统，测量有效距离为 1.4 km，采点角度精度为±0.25 mrad。

RTK 控制点分布如图 3-91 所示，一共 14 个控制点，均匀分布于测区内部。测量坐标系为 WGS-84，投影面为 UTM，中央子午线为 105°。

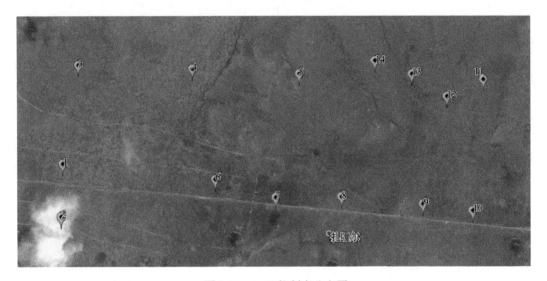

图 3-91　RTK 控制点分布图

采用"先控制后碎步"的方法，首先测出两个控制点坐标，然后在一个控制点上架设激光扫描仪，以另一个控制点点位方向进行方位定向，然后进行 360°×80°扫描，扫描的点密度为离激光扫描仪 100 m 处，点间隔为 170 mm。

2. DEM 生成

通过混合测量获得测区的高精度点云数据，通过点云数据的后处理，最终生成测区的 DEM。后处理包括粗差剔除、TIN 格网生成、等高线生成和 TIN 格网转换成栅格 DEM。

野外测量中，由于仪器本身的系统误差及人工建筑(如电线杆、房屋等)，移动物体(车辆、行人)等各种非地面点的影响，需要对获得的点进行粗差的剔除。剔除粗差点后，剩余点为实际地表点。将地表相邻点进行连接即可获得真实地表模型。选择的地表连接方法为 TIN 格网连接。

TIN 格网构建需要满足的条件为：除端点，平面中的边不包含点集中的其他任何点；三角形没有相交的边；平面图中所有的面都是三角面，且所有三角面的合集是散点集的凸包。

TIN 格网构建方法是通过计算备选点的最大三角形内角进行的。即在已知两个三角形点，利用余弦定理计算周围最近的顶点构成的三角形内角大小，选择能使内角最大的点为三角形的第三点。然后由第一个三角形的一条边开始向外扩散，然后将全部离散点构成三角网，最终获得完整表述地表模型的 TIN 格网。

等高线生成是通过自动连接相邻的相同高程点形成的闭合曲线。首先判断点云中相邻点是否为等值点，然后将等值点连接成为等高线。TIN 格网生成规则格网通过插值实现。设置规则格网的大小和生成方向，对每一个格网搜索最近的 TIN 数据点，然后通过非线性函数插值计算格网点的高程值，从而得到规则格网。若尔盖加密区 5 m 规格格网如图 3-92 所示。

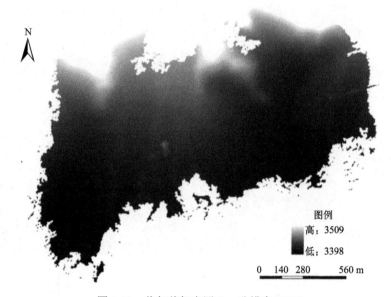

图 3-92　若尔盖加密区 5 m 分辨率 DEM

3. 地形因子提取

得到规则格网数字高程模型后，进行数字地形分析获得 5 m 数字高程模型的微观和宏观地形因子。微观地形因子包括坡度、坡向、平面及剖面曲率；宏观地形因子包括海拔高度、地表粗糙度、地形起伏度和高程变异系数。其中，海拔高度用等高线表示。

1）坡度提取

坡度表示了局部地表坡面的倾斜程度，坡度大小直接影响着地表物质流动与能量转换的规模与强度，是制约生产力空间布局的重要因子。

坡度提取的方法有很多，本次采用最大降坡法计算最大坡降方向的坡度值。计算公

式为

$$s = \tan^{-1}\left[f_x^2 (x_0 + y_0) + f_y^2 (x_0 + y_0) \right]^{-1/2}$$

式中，$f_x = \dfrac{z_3 - z_1 + 2(z_6 - z_4) + z_9 - z_7}{8D}$，$f_y = \dfrac{z_7 - z_1 + 2(z_8 - z_2) + z_9 - z_3}{8D}$。

最终结果为以百分比值形式表示的坡度和以相对于水平面的倾角形式表示的坡度。

2）坡向提取

坡向是指坡面法线在水平面上的投影的方向。它是决定地表面局部地面接收阳光和重新分配太阳辐射量的重要地形因子之一。

计算公式：$a = \tan^{-1}(\dfrac{f_y}{f_x})$。其中，$f_x$ 和 f_y 的计算与坡度提取的计算相同。

3）平面曲率提取

平面曲率是对地面坡度沿最大坡降方向地面高程变化率的度量，是地形表面一点垂直方向扭曲变化程度的度量因子。在地形表面上具体到任何一点，用过该点的水平面沿水平方向与地形表面相切得到的值就是该点的曲率值，实质上就是坡向的坡度。

4）剖面曲率提取

剖面曲率是对地面坡度沿最大坡降方向地面高程变化率的度量，是地形表面一点垂直方向扭曲变化程度的度量因子。实质上可看成对坡度再求一次坡度。

5）地表粗糙度提取

地表粗糙度是能够反映地形的起伏变化和侵蚀程度的宏观地形因子。在区域性研究中，地表粗糙度是衡量地表侵蚀程度的重要量化指标。一般定义为地表单元曲面面积与投影面积之比。

计算方法如下式：

$$\text{地表粗糙度} = 1 / \cos\left[\text{slop} \times (\pi / 180)\right] \tag{3-83}$$

6）地形起伏度提取

地形起伏度能反映水土流失类型区的土壤侵蚀特征，适合区域水土流失评价，是指在一个特定的区域内，最高点海拔高度与最低点海拔高度的差值。它是描述一个区域地形特征的一个宏观性的指标。

提取方法：用一个 3×3 窗口，计算这个窗口中的最大值与最小值，然后进行求差，即可得出地形起伏度值。

7）高程变异系数提取

反映区域内地表单元格网各顶点高程变化的指标，它以格网单元顶点的标准差与平均高程的比值来表示。

计算方法与地形起伏度类似，高程变异系数等于3×3窗口内高程的标准差与平均高程的比值。

3.4　生态环境因子遥感反演评价与验证

环境因子遥感反演评价与验证是判别模型反演精度的重要手段，是遴选和研发反演模型的重要依据(图3-93)。环境因子遥感反演评价方法已经较为成熟，本书根据各评价方法的可行性和可靠性，结合研究的特点和要求，采用地面实测数据验证、相同模型的国内外遥感数据对比验证、算法间精度对比验证、反演结果与知名产品对比验证四种评价验证方法，对本书遴选和研发的环境因子遥感反演模型进行评价，同时对国产数据应用于环境因子反演的效果进行分析。

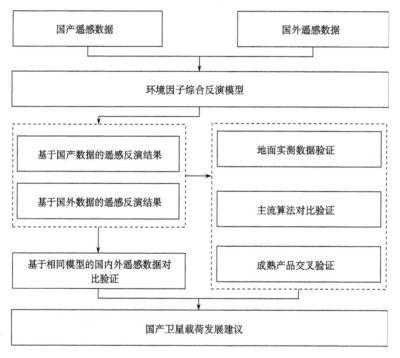

图 3-93　环境因子遥感反演评价与验证体系

1. 地面实测数据验证

地面实测数据验证是指将某一特定时间段获取的地面实测参数与基于相同时段遥感数据反演得到的结果对比分析，从而定量评价遥感反演结果的评价方法。地面实测数据验证是遥感反演结果最直接、最可信的验证方法，被广泛应用于各类遥感反演算法的评价验证研究工作中。

根据方案设计，研究组于 2012 年 6~10 月对选定的 5 个典型脆弱区(青藏高原复合侵蚀区——青海省三江源，南方红壤丘陵区——江西泰和，北方农牧交错区——河北坝上，沿海水陆交接区——福建沿海及近海海岸带，西南山地农牧交错区——四川若尔盖湿地)开展野外参数测量，获取了试验区样地的生物量、叶面积指数、土壤湿度、植被覆盖度、植被光谱、水体叶绿素浓度等数据。利用该实测数据，对此处遴选和研发的环境因子反演模型的反演结果进行评价和验证。

2. 主流算法对比验证

主流算法对比验证是指将本书遴选和研发的遥感反演算法所获取的环境因子与国内外广泛使用的遥感反演算法的结果进行对比验证，从而定量地分析不同研究区内特定环境因子所适宜的遥感反演算法，是遥感算法遴选和验证的一种常用的间接评价方法。

随着卫星遥感平台和遥感反演模型的不断发展，环境参数遥感反演模型的精度和实用性也在不断提高。常见的遥感反演模型按照模型原理可以分为统计模型、物理模型和人工智能模型。本书针对各环境因子，充分调研国内外最新研究进展，选择一些常用的主流算法与本书的遥感反演模型进行对比验证。

3. 成熟产品交叉验证

成熟产品交叉验证是指将本书遴选和研发的遥感反演模型得到的研究区环境因子变量产品与可获得的国内外已有的成熟产品进行对比分析，从产品的相对精度分析遥感反演模型的精度和适用性，也是一种常用的间接评价方法。

国内外有很多科研组织和团队针对特定的研究领域公开发布环境因子产品，例如，MODIS 团队面向全球公开发布数十种产品数据，对全球环境和气候变化研究作出了重大贡献。针对本书所涉及的环境因子，调研并获取对应的成熟产品数据，在保证产品定义相同和研究时间段一致的前提下，对本书所遴选和研发的遥感因子反演模型结果进行对比分析验证。

4. 基于相同模型的国内外遥感数据对比验证

基于相同模型的国内外遥感数据对比验证是指将国产遥感数据和国外遥感数据分别输入相同的遥感反演模型，分别得到基于国产遥感数据的反演结果和基于国外数据的遥感反演结果，并对比分析两种遥感反演结果，从而达到对比分析国内外遥感数据异同的目的。

国产卫星遥感卫星载荷在近些年迅猛发展，但在卫星遥感数据的精度和质量上与国外优秀的遥感数据有一定的差距。本书主要基于国产 HJ 卫星遥感数据，利用成功应用于国外遥感数据的遥感反演模型，对研究区内的环境因子进行反演，通过反演结果的对比分析，反推国产遥感数据相较于国外成熟遥感数据的优势与不足之处。

3.5　小　　结

结合生态环境部门行业需求及国产卫星载荷特点，本章研究了植被覆盖度、叶面积指数、生物量、水体叶绿素浓度、积雪厚度、土壤含水量、光谱反射率、地表温度、地表反照率、地形因子等十余类参数的多源遥感协同反演方法及模型，并对草地叶面积指数、地表温度、土壤含水量的时序生态环境参数提取、同化技术以及不同分辨率光学遥感影像特征自动融合理论与模型进行了研究。

　　分别在典型脆弱区选取示范区，通过在示范区进行野外观测试验，为研究采集建模和验证所需的实测数据，以国产卫星数据为主，分别利用单一数据源和多源遥感数据对典型脆弱区植被叶面积指数、生物量、水体叶绿素浓度、土壤水分等参数进行反演，并对多源遥感数据反演方法进行评价和验证。其中，植被覆盖度、叶面积指数、生物量、水体叶绿素浓度、土壤含水量、积雪厚度、地形等参数采用实测数据进行验证，地表温度、反射率和反照率等参数采用同类遥感卫星产品数据进行交叉验证。

第4章 脆弱区环境综合评价技术
指标体系构建及验证

构建指标体系是开展典型脆弱区生态环境综合评价的基础和前提。基于指标体系获得的脆弱区生态环境评价结果，需要通过实地调查等采集的数据进行验证，从而保证评价的效率和精度。本章就是对此指标体系构建与验证的阐述。

4.1 评价范围和对象

2008 年环保部发布的《全国生态脆弱区保护规划纲要》中将我国生态脆弱区的主要类型划分为 8 种：东北林草交错生态脆弱区、北方农牧交错生态脆弱区、西北荒漠绿洲交接生态脆弱区、南方红壤丘陵山地生态脆弱区、西南岩溶山地石漠化生态脆弱区、西南山地农牧交错生态脆弱区、青藏高原复合侵蚀生态脆弱区和沿海水陆交接带生态脆弱区。

本评价指标体系面向 8 种生态脆弱区中的 5 种(北方农牧交错生态脆弱区、南方红壤丘陵山地生态脆弱区、西南山地农牧交错生态脆弱区、青藏高原复合侵蚀生态脆弱区和沿海水陆交接带生态脆弱区)，制定了生态脆弱性评价的指标体系和评价方法，用于这 5 种生态脆弱区的环境综合评价及同类型生态脆弱区的环境状况的比较。

4.2 典型脆弱区生态环境评价体系构建依据

构建环境综合评价模型需要首先建立生态脆弱性综合指标体系。综合型指标体系不仅考虑环境系统的内在功能与结构，同时兼顾环境系统与外界之间联系。其指标内容较为全面、广泛，一般从自然、社会及经济发展状况等方面反映生态环境的脆弱状况。目前国内外应用较广的可概括为以下 4 种类型：①"成因-结果表现"指标体系；②"压力-状态-响应"(PSR)指标体系；③"敏感性-弹性-压力"指标体系；④"多系统评价"指标体系。本研究采用"成因-结果表现"模型构建生态脆弱性评价指标体系概念模型。

"成因-结果表现"模型认为脆弱生态环境是由自然和人为因素共同作用而成，并以一定的特征表现，因此，选取脆弱生态环境的植被、地形土壤、气象气候、光谱、水体指数等作为主要成因指标，结合其结果表现指标，如经济发展、社会健康等，对生态环境进行综合评价。

4.3　典型脆弱区生态评价指标体系构建流程

面向典型生态脆弱区土壤侵蚀、荒漠化、草地退化等现象，比较分析并遴选相关遥感可获取的参数，结合社会、经济要素空间化数据及地面调查数据，构建针对不同研究区基于空间信息技术的环境综合评价指标体系（表 4-1）。

表 4-1　综合评价指标体系

目标层	准则层	遥感可获取的地表信息
青藏高原复合侵蚀生态脆弱区	土壤侵蚀	LUCC 植被指数 叶面积指数 光谱反射率 地表温度 地表反照率 植被覆盖度 生物量 水体指数 土壤湿度 水体叶绿素浓度 水体悬浮物浓度 地形因子 积雪信息 海岸线类型 其他因子
	草地退化	
南方红壤丘陵山地生态脆弱区	地形变化	
	植被生态系统多样性	
北方农牧交错生态脆弱区	土地沙化	
	土壤风蚀	
沿海水陆交接带生态脆弱区	滨海植被资源	
	气候灾害	
西南山地农牧交错生态脆弱区	湿地水质	
	地形变化	
	森林病虫害	

首先，参照环保部文件，结合实际需要，确立了青藏高原复合侵蚀生态脆弱区、南方红壤丘陵山地生态脆弱区、北方农牧交错生态脆弱区、沿海水陆交接带生态脆弱区及西南山地农牧交错生态脆弱区 5 个评价与验证区。其次，通过对 5 个脆弱区自然地理环境及生态环境脆弱性表现的研究，针对主要的生态环境脆弱性现象，确定参评因子。选定每个因子的表示指标、权重，并对同一评价因子的评价指标进行分级。然后，针对不同类别区及不同评价目标确定评价指标，即选定某个指标分级作为目标，对于选定的评价等级，每个指标都有不同的评价目标。最后，面向综合评价目标，进行自然环境、社会状况的调查，调整参评的评价指标。

综合评价指标体系总体设三层：第一层为目标层，第二层为准则层，第三层为遥感参量指标层。第三层遥感参量指标层又分为三级，分别为通用评价指标、普通评价指标、高级评价指标。依据评价体系的层次特征，采用层次分析法来进行脆弱区环境综合评价（Newsted et al., 2008; Reiss et al., 2009; Chen et al., 2013）。

在层次分析法的基础上，进行脆弱区环境综合评价专家系统的开发。通过评价过程的不断积累，逐步完善专家系统所需的知识库。

知识库的建立解决了生态脆弱区准则层特征与遥感参量指标之间的多对多关系，考虑了各个遥感参量指标的重要性对综合评价结果的影响，避免了单纯基于先验知识或专家打分的主观性太强的缺陷。基于建立专家知识的评价系统，在海量知识库的基础上，利用推理机完成各个遥感参量指标的权重计算。

根据典型生态脆弱区环境特征变化规律，选取叶面积指数、植被覆盖度、水体指数、水体叶绿素浓度、DEM、植被指数、LUCC 等遥感可获取因子作为评价指标，综合应用协同技术、同化技术和多源数据融合技术等定量提取这些遥感参数，结合地面调查数据，基于分区、分类模式，在典型生态脆弱区指标体系构建基础上形成环境综合评价的分级评价模型(Zijp et al., 2015; Sala et al., 2013; Longe et al., 2010; 赵红兵，2007)。脆弱区生态环境综合评价模型的构建流程如图 4-1 所示。

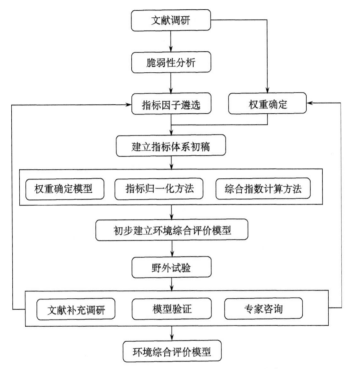

图 4-1 脆弱区生态环境综合评价模型构建流程图

4.4 典型脆弱区生态评价指标体系

通过广泛的国内外文献调研,对 5 个生态脆弱区分别确定其生态脆弱性的主要原因,进行脆弱性表现及特征分析，在此基础上遴选出各个生态脆弱区可选脆弱因子，包括所有生态脆弱区类型均适用的共性脆弱性指标及每种生态脆弱区类型所特有的脆弱性指标，调研结果如表 4-2 和表 4-3 所示。

构建指标体系的指标来源包括两部分：一是当前主被动遥感协同反演技术和算法能够直接或间接得到的指标因子；二是文献调研中所分析得到的学者关注度高的共性脆弱性指标和每类脆弱区特有的脆弱性指标。通过 5 个实验区的数据进行模型验证，并通过文献补充调研和专家咨询等方法对所建立的指标体系进行修订和完善，包括指标因子的再筛选及权重的调整。

表 4-2　生态脆弱性评价指标文献调研结果

编号	引用文献	脆弱区名称	脆弱区类型	植被覆盖率	土地覆盖类型	人均耕地面积	土壤湿度	温度	光谱反射率	地表反照率	降水量	蒸发量	NDVI
1	张秀娟等,2012	宁夏盐池县	北方农牧交错带	√		√	√				√	√	√
2	汤洁等,2006	镇赉县	北方农牧交错带	√	√								
3	黄淑芳,2003	福建省	沿海水陆交接带生态脆弱区	√		√					√	√	
4	陈菁,2009	福建省	沿海水陆交接带生态脆弱区	√		√			√		√		
5	武永峰等,2002	陕西省	北方农牧交错带	√		√	√	√			√		
6	田亚平等,2005	衡阳	南方丘陵脆弱区	√		√							
7	王晓鹏等,2005	青藏高原牧区	青藏高原复合侵蚀生态脆弱区	√		√	√	√			√		
8	黄民生,2005	福建沿海	沿海水陆交接带生态脆弱区	√		√					√		
9	姚建,2004	岷江上游	西南山地农牧交错生态脆弱区									√	
10	樊哲文等,2009	江西省	南方红壤丘陵山地生态脆弱区		√	√		√			√	√	√
11	赵跃龙等,1998	全国	全国范围内	√		√		√			√		
12	刘欣等,2009	太行山地区	北方农牧交错生态脆弱区	√		√	√						
13	周晓雷,2008	青藏高原东北部	西南山地农牧交错生态脆弱区	√				√			√		
14	史德明,2002	全国	全国范围内	√							√		
15	王丽婧,2005	邛海流域	西南岩溶山地石漠化生态脆弱区	√							√	√	
16	乔青,2008	川西滇北	西南山地农牧交错生态脆弱区	√				√			√		√
17	张建龙,2010	塔里木河中游	西北荒漠绿洲交接生态脆弱区	√		√							
18	张红梅,2005	福州	南方红壤丘陵山地生态脆弱区					√				√	√
19	束龙仓,2010	贵州省普定县	西南岩溶山地石漠化生态脆弱区	√		√							
20	赵红兵,2007	全国	全国范围内	√		√		√			√	√	

续表

编号	引用文献	脆弱区名称	脆弱区类型	植被覆盖率	土地覆盖类型	人均耕地面积	土壤湿度	温度	光谱反射率	地表反照率	降水量	蒸水量	NDVI
21	李翠菊，2007	湖北	南方红壤丘陵山地生态脆弱区	√							√	√	
22	王让会，2001	塔里木河流域	西北荒漠绿洲交接生态脆弱区	√	√	√	√						
23	乔治等，2012	东北林草交错区	东北林草交错生态脆弱区	√									
24	乔治，2011	东北林草交错区	东北林草交错生态脆弱区		√			√			√		√
25	刘东霞等，2008	呼伦贝尔草原	东北林草交错生态脆弱区	√				√			√		
26	王静，2009	重庆市南川区	西南岩溶山地石漠化生态脆弱区	√	√	√							
27	杨洋，2011	辽宁省沿海城市	沿海水陆交接带生态脆弱区	√				√			√		
28	于伯华等，2011	青藏高原	青藏高原复合侵蚀生态脆弱区	√				√				√	
29	梁英丽，2011	马尔康地区	西南山地农牧交错生态脆弱区	√	√			√			√		
30	钟晓娟，2011	云南省	西南岩溶山地石漠化/山地农牧交错生态脆弱区	√			√	√			√	√	
			评级次数	26	6	15	7	15	0	0	20	13	5
			评价次数百分比/%	87	20	50	23	50	0	0	67	43	17

表 4-3　生态脆弱性评价指标文献调研结果

编号	引用文献	脆弱区名称	脆弱区类型	GDP	农民年均收入	人口密度	人口素质	土壤侵蚀强度	森林病虫害	坡度
1	张秀娟等，2012	宁夏盐池县	北方农牧交错带	√	√	√		√		
2	汤洁等，2006	镇赉县	北方农牧交错带	√		√		√		
3	黄淑芳，2003	福建省	沿海水陆交接带生态脆弱区	√	√		√	√		
4	陈菁，2009	福建省	沿海水陆交接带生态脆弱区	√	√		√	√		√
5	武永峰等，2002	陕西省	北方农牧交错带	√	√		√	√		

编号	引用文献	脆弱区名称	脆弱区类型	GDP	农民年均收入	人口密度	人口素质	土壤侵蚀强度	森林病虫害	坡度
6	田亚平等, 2005	衡阳	南方丘陵脆弱区					√		√
7	王晓鹏等, 2005	青藏高原牧区	青藏高原复合侵蚀生态脆弱区	√	√	√	√			
8	黄民生, 2005	福建沿海	沿海水陆交接带生态脆弱区	√	√	√	√	√		
9	姚建, 2004	岷江上游	西南山地农牧交错生态脆弱区	√				√		√
10	樊哲文等, 2009	江西省	南方红壤丘陵山地生态脆弱区			√		√		
11	赵跃龙等, 1998	全国	全国范围内	√	√					
12	刘欣等, 2009	太行山地区	北方农牧交错生态脆弱区	√		√	√	√		
13	周晓雷, 2008	青藏高原东北部	西南山地农牧交错生态脆弱区	√	√					
14	史德明, 2002	全国	全国范围内					√		√
15	王丽婧, 2005	邛海流域	西南岩溶山地石漠化生态脆弱区	√			√	√		√
16	乔青, 2008	川西滇北	西南山地农牧交错生态脆弱区	√		√				√
17	张建龙, 2010	塔里木河中游	西北荒漠绿洲交接生态脆弱区		√	√	√			
18	张红梅, 2005	福州	南方红壤丘陵山地生态脆弱区							√
19	束龙仓, 2010	贵州省普定县	西南岩溶山地石漠化生态脆弱区		√	√		√		√
20	赵红兵, 2007	全国	全国范围内	√	√	√		√		
21	李翠菊, 2007	湖北	南方红壤丘陵山地生态脆弱区					√		√
22	王让会, 2001	塔里木河流域	西北荒漠绿洲交接生态脆弱区							
23	乔治等, 2012	东北林草交错区	东北林草交错生态脆弱区					√		√
24	乔治, 2011	东北林草交错区	东北林草交错生态脆弱区							
25	刘东霞等, 2008	呼伦贝尔草原	东北林草交错生态脆弱区							√
26	王静, 2009	重庆市南川区	西南岩溶山地石漠化生态脆弱区			√		√		√

续表

编号	引用文献	脆弱区名称	脆弱区类型	GDP	农民年均收入	人口密度	人口素质	土壤侵蚀强度	森林病虫害	坡度
27	杨洋，2011	辽宁省沿海城市	沿海水陆交接带生态脆弱区	√		√				
28	于伯华等，2011	青藏高原	青藏高原复合侵蚀生态脆弱区			√				√
29	梁英丽，2011	马尔康地区	西南山地农牧交错生态脆弱区			√				
30	钟晓娟，2011	云南省	西南岩溶山地石漠化/山地农牧交错生态脆弱区	√	√	√				
			评级次数	16	12	14	12	17	0	14
			评价次数百分比/%	53	40	47	40	57	0	47

　　通过广泛调研文献，结合生态脆弱区的实际情况，综合考虑确定的生态脆弱区生态脆弱性评价指标体系包括 7 个一级指标，23 个二级指标，如表 4-4 所示。

表 4-4　生态脆弱区生态脆弱性评价指标体系

总体目标	准则层	一级指标(7)	二级指标(23)	指标类型	北方农牧交错生态脆弱区(16)	南方红壤丘陵山地生态脆弱区(15)	西南山地农牧交错生态脆弱区(15)	青藏高原复合侵蚀生态脆弱区(17)	沿海水陆交接带生态脆弱区(12)
生态脆弱性	成因指标	植被	植被覆盖度(I_1)	−	√	√	√	√	√
			生物量(I_2)	−	√	√	√	√	√
		土地利用与空间格局	景观破碎度指数(I_3)	+	√	√	√	√	
			景观多样性指数(I_4)	+	√	√	√	√	
			土地利用强度(I_5)	+	√	√	√	√	
			海岸线类型(I_6)	分类型赋值					√
		地形地貌	海拔(I_7)	+			√	√	
			坡度(I_8)	+	√	√	√	√	
		土壤	土壤质地(I_9)	分类型赋值	√	√	√	√	
			土壤侵蚀强度(I_{10})	+		√			
		水资源	水体叶绿素浓度(I_{11})	+					√
			水体悬浮物泥沙浓度(I_{12})	+					√
			地表水质(I_{13})	+					√

续表

总体目标	准则层	一级指标(7)	二级指标(23)	指标类型	北方农牧交错生态脆弱区(16)	南方红壤丘陵山地生态脆弱区(15)	西南山地农牧交错生态脆弱区(15)	青藏高原复合侵蚀生态脆弱区(17)	沿海水陆交接带生态脆弱区(12)
生态脆弱性	成因指标	气候	大于0℃积温(I_{14})	−				√	
			大于10℃积温(I_{15})	−	√	√	√		√
			年平均降水量(I_{16})	+/−	√	√	√	√	
			汛期降水量(I_{17})	+	√	√	√	√	
			干燥度(I_{18})	+	√	√	√	√	
			平均风速(I_{19})	+	√				
	结果指标	社会经济	人均GDP(I_{20})	−				√	√
			人口密度(I_{21})	+	√	√	√	√	√
			人均耕地面积(I_{22})	+	√	√	√	√	
			人均草场面积(I_{23})	−				√	

各个指标与脆弱性关系解释、指标计算方法、归一化方法如下。

1) 植被覆盖度(李翠菊，2007)

植被覆盖度是植物群落覆盖地表状况的一个综合量化指标，是描述植被群落及生态系统的重要参数，生态脆弱性与植被覆盖度成负相关关系。

植被覆盖度由遥感数据反演得到，首先计算 NDVI，然后利用植被覆盖度和 NDVI 的关系采用下式计算植被覆盖度：

$$f_g = \frac{NDVI - NDVI_0}{NDVI_\infty - NDVI_0} \tag{4-1}$$

式中，$NDVI_0$ 为裸土地或无植被覆盖区的 NDVI 值；$NDVI_\infty$ 为高垂直密度像元的 NDVI 值，通常取图像中 NDVI 最小值作为 $NDVI_0$，最大值作为 $NDVI_\infty$。

植被覆盖度与评价指标分值之间的对应关系见表4-5。

表 4-5　植被覆盖度与评价指标分值对应关系

植被覆盖度/%	>70	50~70	30~50	10~30	<10
分值	0~0.2	0.2~0.4	0.4~0.6	0.6~0.8	0.8~1.0

2) 生物量(乔治等，2011)

生物量可以对地表植物生长情况进行很好的描述，生物量与生态脆弱区脆弱性有着负相关关系。采用下式对其进行标准化：

$$y = \frac{x_{\max} - x}{x_{\max} - x_{\min}} \tag{4-2}$$

式中，y 为待归一化指标的标准化值；x 表示该指标的初始值，$x_{\max}$ 和 $x_{\min}$ 表示该指标的最大值和最小值。

3）景观破碎度指数（樊哲文，2009）

景观破碎度表征自然分割和人为分割的破碎化程度，即景观生态格局由连续变化的结构向斑块嵌块体变化的过程的一种度量。景观破碎度指数与生态脆弱性呈正相关，采用下式对其进行归一化：

$$C = \sum_{i=1}^{n} \frac{(N_i - 1)}{A} \tag{4-3}$$

式中，n 为景观类型数目；N_i 是景观类型 i 的斑块个数；A 为各类型景观的总面积。

$$y = \frac{x - x_{\min}}{x_{\max} - x_{\min}} \tag{4-4}$$

式中，y 为待归一化指标的标准化值；x 表示该指标的初始值；$x_{\max}$ 和 $x_{\min}$ 表示该指标的最大值和最小值。

4）景观多样性指数（刘正佳，2011）

多样性指数 H 是基于信息论基础之上，用来度量系统结构组成复杂程度的一些指数。景观多样性是指景观在结构、功能及其时间变化方面的多样性，它揭示了景观的复杂性。常用的景观多样性指数包括 Shannon-Weaver 多样性指数和 Simpson 多样性指数，本研究采用 Shannon 多样性指数，计算方法见下式。景观多样性指数与生态脆弱性呈负相关。

$$H = -\sum_{i=1}^{m} P_i \times \ln P_i \tag{4-5}$$

式中，H 为景观多样性指数；P_i 为景观类型 i 的面积百分比；m 为景观类型的数目。

5）土地利用强度

土地利用强度计算公式如下：

$$I = \sum_{i=1}^{n} (G_i C_i) \times 100\% \tag{4-6}$$

式中，I 代表研究区土地利用强度；G_i 代表第 i 种土地利用类型的强度等级值；C_i 是第 i 种土地利用类型占总土地面积的比例；n 是研究区陆地系统土地利用类型的数量。土地利用类型根据其自然状态被人为干扰的程度进行分级，等级越高受到人为干扰的程度越高，受保护国土类型为 1 级，未利用地为 2 级，林地、淡水水域为 3 级，农业用地为 4 级，建设用地为 5 级。对应的脆弱性分别为不脆弱、轻度脆弱、中度脆弱、高度脆弱和极脆弱（表 4-6）。

表 4-6   土地利用强度与生态脆弱性关系

项目	脆弱性分级				
	不脆弱	轻度脆弱	中度脆弱	高度脆弱	极脆弱
土地利用强度	1	1~2	2~3	3~4	4~5
分值	0~0.2	0.2~0.4	0.4~0.6	0.6~0.8	0.8~1.0

6）海岸线类型

我国近海海洋综合调查与评价专项（简称 908 专项）将海岸线类型划分为基岩岸线、砂质岸线、粉砂淤泥质岸线、生物岸线和人工岸线五类（表 4-7），不同海岸线类型易受海水侵蚀的风险不同。导致海岸侵蚀的原因依次为河流入海泥沙减少、人工采砂、海面上升和海岸工程等。根据易受侵蚀的强弱将基岩岸线划分为不脆弱，人工岸线划分为轻度脆弱，生物岸线划分为中度脆弱，砂质岸线划分为高度脆弱，粉砂质岸线划分为极脆弱。

表 4-7   海岸线类型与生态脆弱度关系

项目	脆弱性分级				
	不脆弱	轻度脆弱	中度脆弱	高度脆弱	极脆弱
海岸线类型	基岩岸线	人工岸线	生物岸线	砂质岸线	粉砂淤泥质岸线
分值	0.2	0.4	0.6	0.8	1.0

7）海拔

海拔是重要的地貌脆弱因子之一，在青藏高原复合侵蚀脆弱区，很多脆弱性的表现随海拔高度呈现不同，如暴雨泥石流等自然灾害和盐渍化等土壤退化现象。在西南山地农牧交错生态脆弱区，水热条件垂直变化明显。一般地，在其他因素相同的情况下，海拔越高，生态脆弱度越高，海拔与生态脆弱性呈现正相关（Li，2006；Wang，2008）。

8）坡度（赵红兵，2007）

坡度是重要的地形因子之一，坡度越大的区域越容易诱发一些自然灾害，如滑坡泥石流等。一般地，在其他因素相同的情况下，坡度越大，生态脆弱度越高，反之，生态脆弱性越小。

由于坡度与侵蚀量的关系比较复杂，一般研究认为坡度越大，侵蚀越强，尤其坡度增加到15°以上时，侵蚀量迅速增加，当坡度增加到某一值时，侵蚀量不再增加。考虑到这一点，结合水利部1997年公布的土壤侵蚀潜在危险度评级标准，将坡度分成 5 个区间，坡度分级与指标分值之间的对应关系见表 4-8。

表 4-8　坡度分级与指标分值对应关系

坡度分级	0°~3°	3°~7°	7°~13°	13°~22°	22°~90°
赋值标准	0~0.2	0.2~0.4	0.4~0.6	0.6~0.8	0.8~1.0

9) 土壤质地(乔治等, 2011)

不同的土壤质地, 呈现不同的生态脆弱性。土壤质地与生态脆弱性关系见表 4-9。

表 4-9　土壤质地与生态脆弱性关系

项目	脆弱性分级				
	不脆弱	轻度脆弱	中度脆弱	高度脆弱	极脆弱
土壤质地	基岩	粘质	砾质	壤质	砂质
分值	0~0.2	0.2~0.4	0.4~0.6	0.6~0.8	0.8~1.0

10) 土壤侵蚀强度(张秀娟, 2012)

土壤侵蚀强度是狭义的水土流失, 可以定量地表示和衡量某区域土壤侵蚀数量的多少和侵蚀的强烈程度。土壤侵蚀强度计算采用查找表的方法(李水明等, 2005; 林惠花等, 2008), 利用植被覆盖度、土地利用类型和坡度查找到对应的土壤侵蚀级别, 然后进行归一化(表 4-10 和表 4-11)。

表 4-10　土壤分级指标表

地类	坡度	<5°	5°~8°	8°~15°	15°~25°	25°~35°	>35°
非耕地	60~75	1	2	2	2	3	3
林草	45~60	1	2	2	3	3	4
覆盖度/%	30~45	1	2	3	3	4	5
	<30	1	3	3	4	5	6
坡耕地		1	2	3	4	5	6

表 4-11　土壤侵蚀强度与生态脆弱性关系

项目	脆弱性分级				
	不脆弱	轻度脆弱	中度脆弱	高度脆弱	极脆弱
土壤侵蚀级别	1	2	3	4	5, 6
分值	0	0.2	0.4	0.6	0.8, 1.0

11) 水体叶绿素浓度

水中叶绿素浓度是浮游生物分布的指标, 是衡量水体初级生产力和富营养化的最基本的指标。将遥感反演的叶绿素浓度通过聚类分析将其分为五级：$<x_1$、x_1-x_2、x_2-x_3、x_3-x_4、$>x_4$，对应的环境脆弱性为：低浓度为不脆弱、偏低浓度为轻度脆弱、中等浓度为中度脆弱、偏高浓度为高度脆弱、高浓度为极脆弱。具体的聚类方法可以参考文章（Li，2006）。通过求得平均值和均方差，以求得叶绿素浓度分布直方图的4个节点：x_1、x_2、x_3、x_4（表4-12）。

表4-12　水体叶绿素浓度与脆弱性关系

项目	脆弱性分级				
	不脆弱	轻度脆弱	中度脆弱	高度脆弱	极脆弱
水体叶绿素浓度	$<x_1$	$x_1\sim x_2$	x_2-x_3	x_3-x_4	$>x_4$
分值	0~0.2	0.2~0.4	0.4~0.6	0.6~0.8	0.8~1.0

12) 水体悬浮泥沙浓度

近岸海域悬浮泥沙运动往往会造成港口航道淤积和海岸线变形，甚至会对海防堤底部进行淘刷而造成危害，是沿海地区建设港口航道工程、修建海防堤和围海造陆等生产活动必须要了解与考虑的问题。悬浮泥沙浓度越高，脆弱性越强，将遥感反演的悬浮泥沙浓度用聚类分析分成五级：$<y_1$、$y_1\sim y_2$、$y_2\sim y_3$、$y_3\sim y_4$、$>y_4$，对应的环境脆弱性为：低浓度为不脆弱、偏低浓度为轻度脆弱、中等浓度为中度脆弱、偏高浓度为高度脆弱、高浓度为极脆弱（Li，2006）（表4-13）。

表4-13　水体悬浮泥沙浓度与脆弱性关系

项目	脆弱性分级				
	不脆弱	轻度脆弱	中度脆弱	高度脆弱	极脆弱
水体悬浮泥沙浓度	$<y_1$	$y_1\sim y_2$	$y_2\sim y_3$	$y_3\sim y_4$	$>y_4$
分值	0~0.2	0.2~0.4	0.4~0.6	0.6~0.8	0.8~1.0

13) 地表水质

根据国家《地表水环境质量标准》将地表水质生态环境影响的脆弱性分为五级：Ⅰ类主要适用于源头水、国家自然保护区，为不脆弱；Ⅱ类主要适用于集中式生活饮用水地表水源地一级保护区、珍稀水生生物栖息地、鱼虾类产场、仔稚幼鱼的索饵场等，为轻度脆弱；Ⅲ类主要适用于集中式生活饮用水、地表水源地二级保护区、鱼虾类越冬场、洄游通道、水产养殖区等渔业水域及游泳区，为中度脆弱；Ⅳ类主要适用于一般工业用水区及人体非直接接触的娱乐用水区，为高度脆弱；Ⅴ类主要适用于农业用水区及一般景观要求水域，为极脆弱（表4-14）。

表 4-14　地表水质与脆弱性关系

项目	脆弱性分级				
	不脆弱	轻度脆弱	中度脆弱	高度脆弱	极脆弱
地表水质	I 类	II 类	III 类	IV 类	V 类
分值	0~0.2	0.2~0.4	0.4~0.6	0.6~0.8	0.8~1.0

14) 大于 0℃积温 (于伯华, 2011)

积温为大于某一临界温度值的日平均气温的总和, 大于 0℃积温指 ≥0℃的日平均气温总和。积温是热量充足与否的重要指标, 热量资源不仅直接影响生态系统的形成, 而且还通过与水资源配合状况、森林覆盖率等方面影响着生态脆弱性的演化。积温与生态脆弱性呈现负相关。

15) 大于 10℃积温 (赵红兵, 2007)

大于 10℃积温是热量充足与否的重要指标, 其值的大小与生态脆弱性之间呈负相关。

16) 年平均降水量 (李翠菊, 2007)

年平均降水量是一个地区水资源状况的重要指标, 降水量多少可以通过径流量及地下水量等影响脆弱生态环境的形成。但是过大的降水也会影响到生态脆弱性, 因此, 降水量与生态脆弱性有着正相关性。

本研究的五种类型生态脆弱区, 生态脆弱性各有特点。其中, 南方红壤丘陵山地生态脆弱区脆弱性部分表现为: 暴雨频繁、强度大, 地表水蚀严重, 沿海水陆交接带生态脆弱区脆弱性部分表现为: 潮汐、台风及暴雨等气候灾害频发。这两个区域的年平均降水量与脆弱性对应关系见表 4-15。

表 4-15　年平均降水量与脆弱性关系 (田亚平, 2005)

年平均降水量/mm	<800	800~1000	1000~1200	1200~1500	1500~2000	>2000
分值	0~0.2	0.2~0.4	0.4~0.6	0.6~0.8	0.8~1.0	1.0

西南山地农牧交错生态脆弱区、北方农牧交错生态脆弱区和青藏高原复合侵蚀生态脆弱区三个地区, 表现为不同程度地缺水, 年平均降水量与区域的生态脆弱性成负相关。

17) 汛期降水量 (杨洋, 2011)

以评价地区的汛期降水量作为指标衡量其对自然灾害脆弱性的影响程度, 汛期降水量越大, 自然灾害脆弱性越高。该指标与生态脆弱性呈正相关。

18）干燥度（于伯华，2011）

干燥度表征一个地区干湿程度的指标，一般以某个地区水分收支与热量平衡的比值来表示（孟猛等，2004），是水热配合状况的重要体现指标（赵红兵，2007）。水热配合不当，矛盾突出，气候炎热干燥，造成极度干旱。干燥度的计算采用修正的谢良诺夫公式（孟猛等，2004）：

$$K = 0.16 \times \frac{全年 \geq 10℃的积温}{全年 \geq 10℃期间的降水量} \tag{4-7}$$

式中，K 为干燥度。

干燥度越大，生态环境越脆弱，干燥度大小正好与生态环境的脆弱度大小成正相关。

19）平均风速（于伯华，2011）

大风对地表、植物的风蚀破坏作用十分强烈。大风加剧了土地砂质进程和沙化面积的扩大，引起沙尘暴等破坏力更为强烈的灾难性天气，其对植被的破坏极为强烈。用平均风速来表征风的程度，其与生态脆弱性呈正相关关系。

20）人均 GDP

人均 GDP 是区域综合经济发展水平指标，与生态脆弱性呈负相关关系（赵红兵，2007）。

21）人口密度（赵红兵，2007；梁英丽，2011）

人口问题是能源、资源和生态环境等问题的根源，人类在从事各种生产活动、不断增长的物质需求以及人口出生率较高的情况下，必然导致资源消耗的加剧，导致生态环境的破坏，在喀斯特地区本来就很脆弱的生态环境中，某地区的人口密度大小也是影响该区生态环境脆弱性的重要因素。人口密度与生态脆弱性呈正相关。

22）人均耕地面积（赵跃龙等，1998）

人均耕地面积同时代表人口与土地两大资源及其两者的结合情况，也是促成脆弱生态环境的主要因素之一，它与生态环境的脆弱成正相关关系。

23）人均草地面积（张秀娟，2012）

畜牧业是青藏高原复合侵蚀区和北方农牧交错区的重要产业，人均草地面积可表征对牲畜的承载力，它与生态环境的脆弱成负相关关系。

4.5　典型脆弱区生态评价指标权重

根据五种生态脆弱区的特性和成因，通过专家咨询和查阅文献相结合，分别确定各生态脆弱区评价指标的相对重要性，利用层次分析法（analytic hierarchy process，AHP）计算各指标的权重。五种生态脆弱区参考权重见表 4-16~表 4-20。

表 4-16　北方农牧交错生态脆弱区各指标权重

总体目标	准则层	权重	一级指标(7)	权重	二级指标(23)	权重
生态脆弱性	成因指标	0.75	植被	0.1702	植被覆盖度(I_1)	0.1002
					生物量(I_2)	0.0700
			土地利用与空间格局	0.2142	景观破碎度指数(I_3)	0.0714
					景观多样性指数(I_4)	0.0714
					土地利用强度(I_5)	0.0714
					海岸线类型(I_6)	0.0000
			地形地貌	0.0690	海拔(I_7)	0.0000
					坡度(I_8)	0.0690
			土壤	0.0794	土壤质地(I_9)	0.0794
					土壤侵蚀强度(I_{10})	0.0000
			水资源	0.0000	水体叶绿素浓度(I_{11})	0.0000
					水体悬浮物泥沙浓度(I_{12})	0.0000
					地表水质(I_{13})	0.0000
			气候	0.2672	大于 0℃积温(I_{14})	0.0000
					大于 10℃积温(I_{15})	0.0240
					年平均降水量(I_{16})	0.0614
					汛期降水量(I_{17})	0.0534
					干燥度(I_{18})	0.0856
					平均风速(I_{19})	0.0428
	结果指标	0.25	社会经济	0.2000	人均 GDP(I_{20})	0.0676
					人口密度(I_{21})	0.0490
					人均耕地面积(I_{22})	0.0488
					人均草场面积(I_{23})	0.0346

注：指标相对重要性大小参考(Cheng et al., 2015; Zhang et al., 2016a; 武永峰等，2002; 董孝斌，2003; 陈海等，2007; 卢远等，2006; 张秀娟等，2012; 汤洁等，2006; 玉山，2008; 蒙吉军等，2010; 魏琦等，2010)等文献。

表 4-17　南方红壤丘陵山地生态脆弱区各指标权重

总体目标	准则层	权重	一级指标(7)	权重	二级指标(23)	权重
生态脆弱性	成因指标	0.8334	植被	0.1975	植被覆盖度(I_1)	0.1481
					生物量(I_2)	0.0494
			土地利用与空间格局	0.0889	景观破碎度指数(I_3)	0.0222
					景观多样性指数(I_4)	0.0445
					土地利用强度(I_5)	0.0222
					海岸线类型(I_6)	0.0000

续表

总体目标	准则层	权重	一级指标(7)	权重	二级指标(23)	权重
生态脆弱性	成因指标	0.8334	地形地貌	0.1380	海拔(I_7)	0.0000
					坡度(I_8)	0.1380
			土壤	0.1821	土壤质地(I_9)	0.0228
					土壤侵蚀强度(I_{10})	0.1593
			水资源	0.0000	水体叶绿素浓度(I_{11})	0.0000
					水体悬浮物泥沙浓度(I_{12})	0.0000
					地表水质(I_{13})	0.0000
			气候	0.2269	大于0℃积温(I_{14})	0.0000
					大于10℃积温(I_{15})	0.0121
					年平均降水量(I_{16})	0.0485
					汛期降水量(I_{17})	0.1390
					干燥度(I_{18})	0.0273
					平均风速(I_{19})	0.0000
	结果指标	0.1666	社会经济	0.1666	人均GDP(I_{20})	0.0940
					人口密度(I_{21})	0.0306
					人均耕地面积(I_{22})	0.0420
					人均草场面积(I_{23})	0.0000

注：指标相对重要性大小参考(田亚平等，2005；樊哲文等，2009；张红梅等，2005；张丽等，2009；余坤勇等，2009；Tao et al., 2011; Shea and Thorsen, 2012; Chen et al., 2013)等文献。

表 4-18　西南山地农牧交错生态脆弱区各指标权重

总体目标	准则层	权重	一级指标(7)	权重	二级指标(23)	权重
生态脆弱性	成因指标	0.75	植被	0.1008	植被覆盖度(I_1)	0.0756
					生物量(I_2)	0.0252
			土地利用与空间格局	0.2511	景观破碎度指数(I_3)	0.0502
					景观多样性指数(I_4)	0.0502
					土地利用强度(I_5)	0.1507
					海岸线类型(I_6)	0
			地形地貌	0.1756	海拔(I_7)	0.0293
					坡度(I_8)	0.1463
			土壤	0.0566	土壤质地(I_9)	0.0566
					土壤侵蚀强度(I_{10})	0
			水资源	0.0000	水体叶绿素浓度(I_{11})	0
					水体悬浮物泥沙浓度(I_{12})	0
					地表水质(I_{13})	0

续表

总体目标	准则层	权重	一级指标(7)	权重	二级指标(23)	权重
生态脆弱性	成因指标	0.75	气候	0.1659	大于 0℃积温(I_{14})	0
					大于 10℃积温(I_{15})	0.0274
					年平均降水量(I_{16})	0.0274
					汛期降水量(I_{17})	0.046
					干燥度(I_{18})	0.0651
					平均风速(I_{19})	0
	结果指标	0.25	社会经济	0.2500	人均 GDP(I_{20})	0.068
					人口密度(I_{21})	0.1125
					人均耕地面积(I_{22})	0.0695
					人均草场面积(I_{23})	0

注：指标相对重要性大小参考(周晓雷等，2008；王丽婧等，2005；乔青等，2008；束龙仓等，2012；王静，2009；Chen and Liu，2014；Liu et al.，2015)等文献。

表 4-19 青藏高原复合侵蚀生态脆弱区各指标权重

总体目标	准则层	权重	一级指标(7)	权重	二级指标(23)	权重
生态脆弱性	成因指标	0.75	植被	0.2274	植被覆盖度(I_1)	0.1137
					生物量(I_2)	0.1137
			土地利用与空间格局	0.1248	景观破碎度指数(I_3)	0.0416
					景观多样性指数(I_4)	0.0416
					土地利用强度(I_5)	0.0416
					海岸线类型(I_6)	0.0000
			地形地貌	0.1466	海拔(I_7)	0.0733
					坡度(I_8)	0.0733
			土壤	0.0758	土壤质地(I_9)	0.0758
					土壤侵蚀强度(I_{10})	0.0000
			水资源	0.0000	水体叶绿素浓度(I_{11})	0.0000
					水体悬浮物泥沙浓度(I_{12})	0.0000
					地表水质(I_{13})	0.0000

续表

总体目标	准则层	权重	一级指标(7)	权重	二级指标(23)	权重
生态脆弱性	成因指标	0.75	气候	0.2824	大于0℃积温(I_{14})	0.0471
					大于10℃积温(I_{15})	0.0000
					年平均降水量(I_{16})	0.0540
					汛期降水量(I_{17})	0.0114
					干燥度(I_{18})	0.1078
					平均风速(I_{19})	0.0621
	结果指标	0.25	社会经济	0.1430	人均GDP(I_{20})	0.0410
					人口密度(I_{21})	0.0486
					人均耕地面积(I_{22})	0.0244
					人均草场面积(I_{23})	0.0290

注：指标相对重要性大小参考(王晓鹏等，2005；刘纪远等，2009；于伯华等，2011；Wang et al.，2008；史纪安等，2006；Zhong et al.，2005)等文献。

表 4-20　沿海水陆交接带生态脆弱区各指标权重

总体目标	准则层	权重	一级指标(7)	权重	二级指标(23)	权重(水)	权重(陆)
生态脆弱性	成因指标	0.8572	植被	0.1244	植被覆盖度(I_1)		0.1139
					生物量(I_2)		0.1139
			土地利用与空间格局	0.3371	景观破碎度指数(I_3)		0.0848
					景观多样性指数(I_4)		0.0848
					土地利用强度(I_5)		0.0848
					海岸线类型(I_6)	0.1229	
			地形地貌	0.0000	海拔(I_7)		
					坡度(I_8)		
			土壤	0.0000	土壤质地(I_9)		
					土壤侵蚀强度(I_{10})		
			水资源	0.3139	水体叶绿素浓度(I_{11})	0.3663	
					水体悬浮物泥沙浓度(I_{12})	0.2906	
					地表水质(I_{13})		0.1748
			气候	0.0818	大于0℃积温(I_{14})		
					大于10℃积温(I_{15})	0.0954	0.0954
					年平均降水量(I_{16})		
					汛期降水量(I_{17})		
					干燥度(I_{18})		
					平均风速(I_{19})		

总体目标	准则层	权重	一级指标(7)	权重	二级指标(23)	权重(水)	权重(陆)
生态脆弱性	结果指标	0.1428	社会经济	0.1428	人均 GDP(I_{20})	0.0624	0.0624
					人口密度(I_{21})	0.0624	0.0624
					人均耕地面积(I_{22})		
					人均草场面积(I_{23})		

注：指标相对重要性大小参考(Hassaan, 2013; Kurnar, 2015; Rani et al., 2015；田光进等，2002；张海林等，2002；黄淑芳等，2003；杨洋等，2011；徐庆勇等，2011；郑雯，2012)等文献。

4.6　典型脆弱区生态环境评价模型

1. 评价单元

采用行政单元和栅格单元相结合的办法,使指标因子数据载体与分析评价单元分开,即用栅格点状单元作为指标因子的数据载体和单因子的基本评价分析单元,用矢量面状单元作为综合评价分析单元,两者之间用模型予以关联。

生态脆弱性综合指数计算：

生态脆弱区生态脆弱性用生态脆弱性综合指数(ecological vulnerability comprehensive index，EVCI)表示。生态脆弱性综合指数采用质量指数法计算，即 EVCI 是所有标准化后的二级指标值的加权和，计算公式如下所示：

$$EVCI = \sum_{j=1}^{n} I_j W_j \tag{4-8}$$

式中，EVCI 为生态脆弱性综合指数，代表整个系统的生态脆弱性；n 为评价体系中二级指标总数；I_j 为第 j 个指标标准化后的值；W_j 为第 j 个指标的权重。

2. 指标标准化

各个指标计算值与生态脆弱性的对应关系参照以下原则：首先按照国家标准，若没有国家标准，则借鉴评价区多年平均值或相关研究调查成果或公认的数量界限，否则采取模糊评价法计算其区间。

另外，对于分类型赋值的指标，如海岸线类型，在评价区域内只有一个值，为了与其他评价指标具有相同的空间分辨率，令其在每个像元上采用相同值。

3. 权重计算

各个指标权重由层次分析法计算得到。层次分析法是由美国著名运筹学家 T.L.Saaty 于 20 世纪 70 年代中期提出的，本质上是一种决策思维方法，该方法确定权重系数的基本过程是：①构造层析分析层次结构模型；②构造判读矩阵；③逐层单排序，并进行一致性检验；④总排序，取得决策结果(郭凤鸣，1997)。

使用 AHP 计算权重需要各个指标之前的相对重要性,相对重要性在分析每种类型生态脆弱区脆弱性特征和成因的基础上,通过专家咨询和查阅文献的方法获得。各指标权重因评价区而异,可以对单个生态脆弱区的生态脆弱性环境进行评价。不同生态脆弱区之间的比较需综合考虑脆弱区类型和区域脆弱性特征。

根据各个生态脆弱区脆弱性成因、特点、特定的脆弱性现象,并参考同类型脆弱区研究的相关文献中的评价因子权重设置,采用 AHP 对 5 种生态脆弱区分别计算了一组参考权重。对于具体的评价区域,根据其脆弱性特点,可以对权重稍做调整。

4. 结果表现形式

据生态脆弱性综合指数的分值将生态脆弱性环境分为非脆弱、轻微脆弱、中度脆弱、强度脆弱、极强脆弱五个级别,脆弱性分值和脆弱性级别对应关系见表 4-21。生态脆弱性环境综合评价的最终结果表示为生态脆弱性等级专题分布图,辅以对应的生态脆弱性空间分布描述性文字,包括所评价生态脆弱区的各项生态功能、系统活力状况等。

表 4-21　生态脆弱性分值和脆弱性级别对照表

脆弱性级别	EVCI 值	生态脆弱区环境状态
非脆弱	$EVCI = 0$	生态环境处于正常状态,未受到干扰破坏,生态系统结构完整,功能性强
轻微脆弱	$0 < EVCI < 0.3$	生态环境呈现轻微脆弱性,生态系统受到干扰,生态系统结构尚完善,功能尚好,在自身调节下可恢复
中度脆弱	$0.3 \leqslant EVCI \leqslant 0.6$	生态环境呈现中度脆弱性,生态系统受到较少破坏,系统结构有恶化趋势,但尚能维持基本功能
强度脆弱	$0.6 < EVCI < 0.9$	生态环境呈现强度脆弱性,严重影响了生态系统功能的实现,生态问题较大,生态灾害较多
极强脆弱	$0.9 \leqslant EVCI \leqslant 1$	生态环境呈现极强脆弱性,生态系统结构残缺不全,功能低下,发生退化性变化

在评价结果的基础上,结合相关环境因子,可以分析评价区的生态脆弱性主导因子。利用多时相的遥感数据,还可以分析评价区时间序列的生态脆弱性变化。

另外,沿海水陆交接带生态脆弱区由于其水陆交接的特殊性,部分评价指标只在水域才有,如水体叶绿素浓度、水体悬浮物浓度,该区域的脆弱性评价结果难以实现空间专题分布图,只用区域脆弱性综合指数 EVCI 来表示,并辅以脆弱性描述性文字及脆弱性主导因子分析。

4.7　典型脆弱区生态环境评价结果及验证

基于协同反演、数据同化及多源数据融合等主被动遥感协同反演关键技术构建的环境综合评价模型精度验证,是为了保证环境综合评价模型的评价效果。其验证的技术方案也应以模型构建流程为基础,结合实际情况设计和实施。本研究设计的方案主要包括以下几步。

1) 对遥感数据处理关键技术的精度评价

多源遥感数据本身存在着误差，通过主被动遥感协同技术、多源数据融合技术及数据同化技术处理遥感数据时也有精度的差别，基于各种遥感数据本身的光谱、辐射、时间及空间特征，考虑三种关键技术本身的精度进行此步骤的精度评价显得尤其必要，这也是综合评价模型验证的基础。

2) 对地面测量的误差分析

任何参数的地面实测都存在误差，包括系统误差和偶然误差，地面测量仪器也有自己的灵敏度和通达度以及一定的故障率，通过采取一定的措施将测量误差和系统故障率控制在一定的范围内，并保证其获取参量的真实有效，参量本身的精度也需要一个评价结果。

3) 对措施层指标因子的精度验证

措施层指标因子部分是直接来自遥感数据的遥感参量和地面实测的测量结果，部分是基于这些直接要素，通过遥感关键技术，基于已有的和构建的参数反演模型获得的。对这些指标因子的验证可以通过实测数据进行，对于物理含义相近的参量也可以相互验证。措施层指标因子的精度直接决定了综合评价模型的输入精度。

4) 基于误差传播理论对准则层指标体系的精度验证

基于措施层指标因子，集成构建得到准则层指标因子。基于误差传播理论，计算来自低层次指标因子的误差，得到高层次指标体系的精度。此外，准则层指标体系多为非连续的离散指标因子，其验证可以通过与专家先验知识对比实现。具有相同基础环境要素的不同分类区的准则层指标因子也可以相互验证，基于水文生态等模型，不同时相的准则层指标因子也可以互相参考验证。

5) 环境评价结果的直接定性定量验证

综合评价模型的环境评价结果与部分准则层指标因子类似，具有离散分级的特征。其验证需要综合考虑输入指标体系因子的精度和模型本身的精度。基于专家先验知识，参考实地调查及问卷抽样，可以直接定性定量验证综合评价模型的环境评价结果。

典型生态脆弱区选择面积大、分布均匀的草场、沙漠、土壤、积雪、冰川、水体、森林等作为真值检验目标的真值检验场。检验的参数涉及生物圈的植被指数、植被覆盖、叶面积指数等，冰雪圈的积雪、雪盖、雪深等，水圈的水体类型和水质参数，以及岩石圈的土壤湿度、反照率、地表温度等。

基于我国的青藏高原复合侵蚀区(青海三江源)、南方红壤丘陵山地区(江西泰和)、北方农牧交错区(河北坝上)、沿海水陆交接区(厦门沿海)以及西南山地农牧交错区(四川若尔盖)5 个典型生态脆弱区的生态环境特征，结合真值检验场选取的一般原则，分别选取具有相应准则层特征的真值检验目标，对以协同反演、数据同化及多源数据融合技术为主的环境综合评价关键技术展开验证。通过收集这些验证区 2003 年、2006 年、2009 年和 2012 年共 4 个时期的多源遥感数据及辅助数据，提取开展脆弱区生态环境评价所需指标因子，利用已建立的评价模型分别对各验证区的生态环境脆弱性进行评价。由于目前针对各脆弱区的环境评价还没有一种直接的定量的验证方法，因此，本研究只能通过对比已有研究参考文献中对各脆弱区环境评价结果进行定性分析和评价验证。

1. 青藏高原复合侵蚀生态脆弱区环境评价结果（青海三江源）

面向青藏高原复合侵蚀区，针对土壤侵蚀和草地承载力特征，在主被动协同反演、同化技术的支持下，获取积雪厚度、土地利用和土地覆盖（LUCC）、植被覆盖度、叶面积指数、草地生物量等遥感参量因子，同步获取地面验证数据。

利用青藏高原复合侵蚀生态脆弱区环境评价模型对青海三江源区域进行生态环境评价，结果表明，青海三江源 2003~2006 年整体生态环境综合脆弱性评价分值升高，2006~2009 年，生态脆弱性评价降低，这是由于 2005~2009 年，三江源区进行了为期为 5 年的生态建设工程，使得 2006 年以后当地生态环境脆弱性逐渐减弱（图 4-2）。本模型评价结果与邵全琴等（2013）的研究结果整体变化趋势相同，其研究发现在 2005~2009 年，三江源区生态系统退化趋势得到了初步的遏制，部分生态建设工程区生态状况得到了好转。以泽库县为例，本研究所得脆弱性评价结果与李玲慧等（2011）针对泽库县生态环境脆弱性评价结果相比，两份评价结果在空间分布上具有一致性。

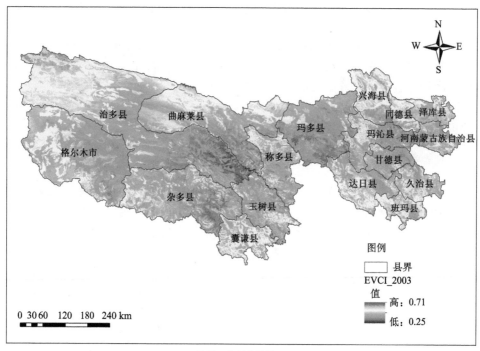

(a) 2003年评价结果

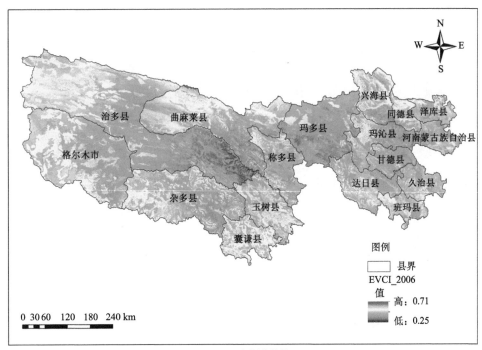

(b) 2006年评价结果

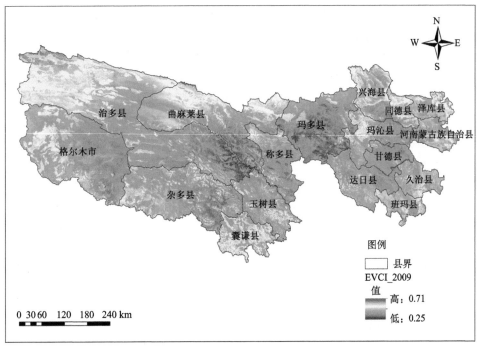

(c) 2009年评价结果

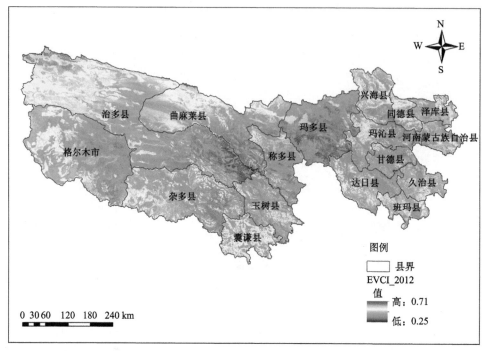

(d) 2012年评价结果

图 4-2　青海三江源环境评价结果

在空间分布上,本模型评价结果表明三江源地区西北和西部地区生态环境较为脆弱,三江源中部地区(玛多西部和称多县北部)生态环境相对健康,而三江源东部地区(泽库县)生态脆弱性较低。这与贾慧聪等(2011)以三江源 16 个县为样本,利用"压力-状态-响应"模型,对 2000 年的三江源湿地生态系统健康情况进行评价结果的空间分布较为一致。何正民等(2010)构建了青藏高原生态地质环境遥感综合评价系统,并以整个青海省为例采用层叠法和模糊评价法进行了评价。结果表示:三江源地区中部和东部地区环境评价等级属中等级别。同时,与本研究评价结果分布类似,何正民等的研究表示在玛多县中部、治多县东南部和称多县中部地区脆弱性评价在整个三江源区域中属级别较低的。张继承等(2011)采用 AHP 方法和 GPC 方法对青藏高原的 20世纪 70 年代和 21 世纪初的青藏高原生态环境变迁进行了综合评价。结果发现,治多县是退化最严重,其次为曲麻莱县、玛多县和格尔木市,杂多县也退化较为严重。张继承(2008)针对青藏高原生态环境质量现状进行评价,其中,三江源区域整体处于环境质量中等程度,并呈现出西北部环境质量差,中东部环境质量好的分布趋势。于伯华等(2011)对青藏高原高寒区生态脆弱性进行了研究,并对青藏高原的生态脆弱性进行了评价,结果表明,三江源区域生态脆弱性与本研究结果类似,呈现西北脆弱性高,中东部脆弱性相对偏低的结论。

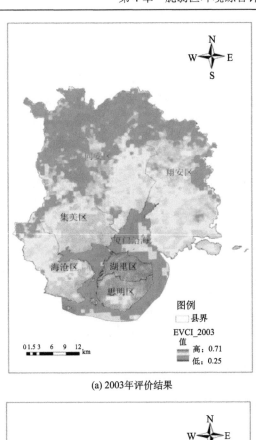

(a) 2003年评价结果

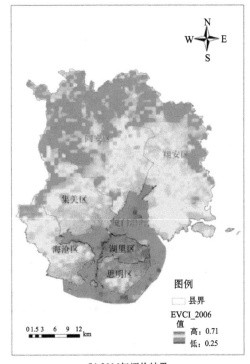

(b) 2006年评价结果

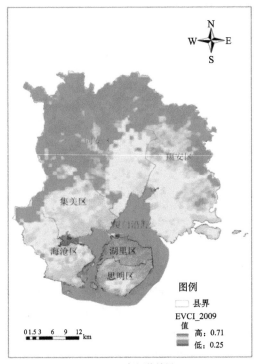

(c) 2009年评价结果

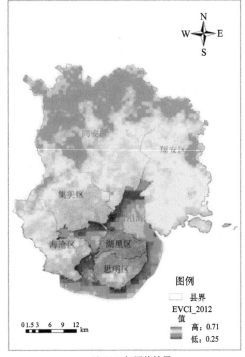

(d) 2012年评价结果

图 4-3　厦门沿海地区环境评价结果

2. 沿海水陆交接生态脆弱区环境评价结果（厦门沿海）

面向沿海水陆交接区，针对气候灾害多、植被类型单一等特征，在主被动遥感协同反演、数据同化和多源数据融合技术的支持下，获取地表温度、海岸线类型、水体叶绿素浓度、悬浮泥沙浓度、典型森林叶面积指数等信息，同步获取地面验证数据。

利用沿海水陆交接生态脆弱区环境评价模型对位于福建沿海的厦门市进行生态环境评价，结果表明，2006 年、2009 年及 2012 年厦门市生态脆弱性相对稳定，而 2003 年相比较 2006 年、2009 年及 2012 年而言，脆弱性评价分值整体较高。总体而言，厦门市属于中度脆弱区，随着环境治理，呈现出水体脆弱性减弱、陆地综合脆弱性增强的趋势（图4-3）。

国内部分学者对厦门市生态脆弱性评价的研究成果与本研究评价结果较为相似。黄民生（2005）针对 2002 年福建沿海地区进行生态环境脆弱度模糊综合评判，研究表明，厦门市在福建沿海地区中，脆弱性属中等脆弱。陈菁等（2009）和沈金瑞等（2008）均完成了对福建省脆弱生态环境的生态环境脆弱性评价，研究结果都表明，厦门市属第三级别轻度脆弱地区。同时，根据国家海洋局发布的"海岸带及近岸海域生态脆弱区状况"中，福建沿海 2009 年生态环境脆弱性评价为中等脆弱。

3. 西南山地农牧交错生态脆弱区环境评价结果（四川若尔盖）

面向西南山地农牧交错区，针对地形起伏大、生态退化明显等特征，以主被动遥感协同反演、数据同化和多源数据融合技术为支持，获取植被覆盖度、叶面积指数、地形因子、土壤含水量和水体因子等遥感参量，同步获取地面验证数据。

利用西南山地农牧交错生态脆弱区环境评价模型对若尔盖地区进行生态环境评价，结果表明若尔盖区域在 2003~2012 年生态脆弱性变化较小，整体生态脆弱性指数为0.29~0.62，处于轻微脆弱和中等脆弱等级，其中，玛曲县西部脆弱性程度高于东南部，若尔盖县整体脆弱性程度高于玛曲县和红原县，东部脆弱性程度高于西部，红原县脆弱性程度高的区域分布在南部（图4-4）。

为了定性地分析和验证本研究生态脆弱区环境评价结果，我们将其与相同区域进行生态脆弱性评价相关研究进行对比分析，如表 4-22 所示。

4. 南方红壤丘陵山地生态脆弱区环境评价结果（江西泰和）

面向南方红壤丘陵山地区，针对地形变化和植被生态系统多样性特征，在多源数据融合以及数据同化技术的支持，获取地形因子、光谱反射率、反照率、森林生物量、植被覆盖度和叶面积指数，同步获取地面验证数据。

利用南方红壤丘陵山地生态脆弱区环境评价模型对位于江西的泰和县进行环境评价，结果表明，泰和县整体生态脆弱性指数为 0.19~0.80，主要处于轻微脆弱和中等脆弱等级，极少区域处于强度脆弱等级，其中，西部和东南部部分区域脆弱性处于中度脆弱等级，北部和中部区域处于轻微脆弱等级（图4-5）。

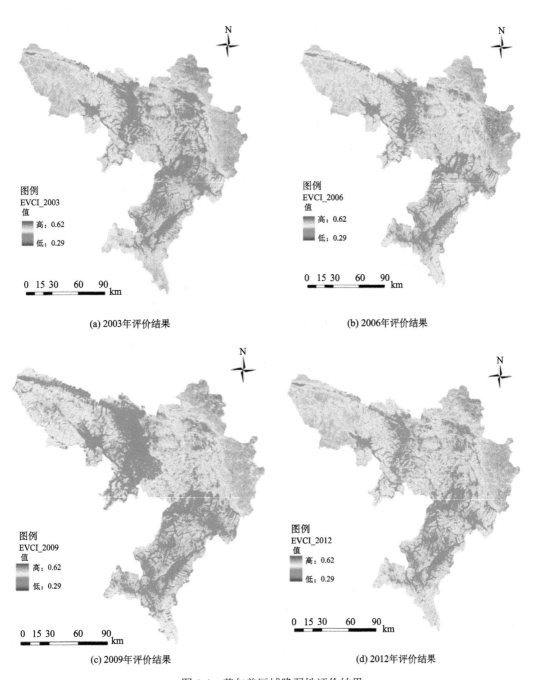

(a) 2003年评价结果

(b) 2006年评价结果

(c) 2009年评价结果

(d) 2012年评价结果

图 4-4　若尔盖区域脆弱性评价结果

典型脆弱区生态环境综合评价

表 4-22 若尔盖区域相关研究与本研究评价结果对比

作者/评价时间	评价内容	主要结论	对比分析
乔青/2008	川滇农林牧交错带生态脆弱性评价	若尔盖和红原县生态敏感度指数、生态弹性度指数、生态压力度指数都处在低度和中度两个级别,最终生态脆弱性处于低度	若尔盖和红原县生态脆弱性处于中低级别,与本研究评价结果相符
张龙生/2010	基于土地退化的甘肃省生态脆弱性评价	玛曲县生态脆弱性为微度脆弱	本研究中,玛曲县生态脆弱性分布在轻微脆弱和中等脆弱两个级别,与该文献结果基本相符
段士中/2013	四川省自然生态系统脆弱性分析	若尔盖县由于生态系统的结构较单一,整体敏感性较高	若尔盖在三县中脆弱性程度最高,大部分区域处于中度脆弱,与该文献结果一致
褚琳/2012	黄河源玛曲高寒湿地生态退化与修复适宜性评价研究	玛曲县高寒湿地适宜区域主要分布在东南部,西北部不适宜	本研究评价结果是玛曲县西部脆弱性更高,对应该文献中环境适宜性西部较东南部低,结果一致

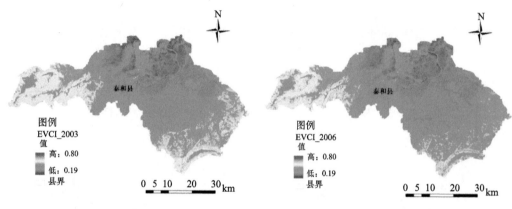

(a) 2003年评价结果   (b) 2006年评价结果

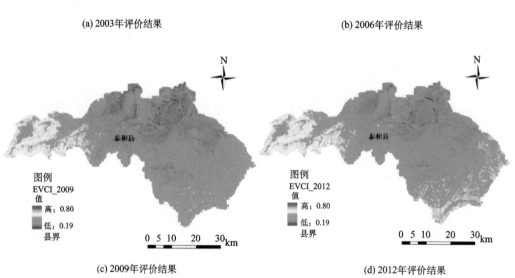

(c) 2009年评价结果   (d) 2012年评价结果

图 4-5　江西泰和县脆弱性评价结果

由于目前国内外还没有单独针对江西泰和进行生态脆弱性评价的文献,我们对比分析了部分学者对江西省进行生态脆弱性评价的研究结果,如表 4-23 所示。

表 4-23　江西泰和县相关研究与本研究评价结果对比

作者/评价时间	评价内容	主要结论	对比分析
樊哲文等/2009	江西省生态脆弱性现状评价	泰和县生态脆弱性处于低度脆弱等级，一共分为 4 个等级	该文献比本研究所划分脆弱级别少，泰和县处于低度脆弱，与本研究的结果基本相符
刘木生等/2008	江西省脆弱生态环境时空评价	由强度脆弱到轻度脆弱主要分布在南丰县、兴国县、于都县、泰和县等地	该文献中泰和县从 20 世纪 80 年代中期至 2000 年脆弱性由强度脆弱变为轻度脆弱，本研究从 2003~2012 年泰和县处于轻微脆弱和中度脆弱，两者基本相符

5. 北方农牧交错生态脆弱区环境评价结果（河北坝上）

面向北方农牧交错区，针对荒漠化和土壤风蚀特征，通过主被动协同反演、同化技术，获取土壤含水量、植被覆盖度、植被类型、叶面积指数等遥感参量因子，同步获取地面验证数据。

利用北方农牧交错生态脆弱区环境评价模型对位于河北坝上的张北县进行生态环境评价，结果表明，2003~2012 年间张北县生态脆弱性呈先增强后减弱的趋势，整体生态脆弱性指数在 0.41~0.72 之间，处于中度脆弱和强度脆弱等级，其中西南部部分区域脆弱性在四期中变化较大，呈现脆弱性变大再变小，东部区域脆弱等级低于西部（图 4-6）。

为了定性地分析和验证本研究生态脆弱区环境评价结果，我们将其与相同区域进行生态脆弱性评价相关研究对比分析，如表 4-24 所示。

表 4-24　河北坝上张北县相关研究与本研究评价结果对比

作者/评价时间	评价内容	主要结论	对比分析
李婧欣/2009	北方农牧交错带生态安全评价	张北县生态安全综合指数位于等级 1 至等级 11，生态安全状态恶劣至状态风险	该文献结果表明张北县生态安全存在风险，间接表明生态脆弱性程度高，与本研究结果相符
张志东等/2003	张北县可持续发展能力评价	社会指数、经济指数、环境指数、资源指数和综合指数分别是 0.448，0.264，0.548，0.264，0.404	该文献中社会指数高，压力大，资源指数低，环境指数和综合指数中等偏低，可持续发展能力低，间接说明脆弱性较大，与本研究结果基本相符

以上分析说明，本研究的生态脆弱性评价结果较为客观，本研究所构建的脆弱性环境综合评价体系可适用性强，能用于不同类型的脆弱性环境综合评价。

在面向以上 5 个典型生态脆弱区，通过地面真值检验场获取实测数据时，根据定量遥感实验规范进行各种参数的测量工作，同步检验数据的精度。基于协同反演、数据同化和多源数据融合等关键技术获取多种遥感参数产品后，再结合地面真值检验场和遥感综合试验场的地面实测结果以及当地历史存档数据等来评价和检验，得到不同产品及其算法在理论上的精度。不同时期的生态参数协同反演和环境综合评价结果可以相互验证。

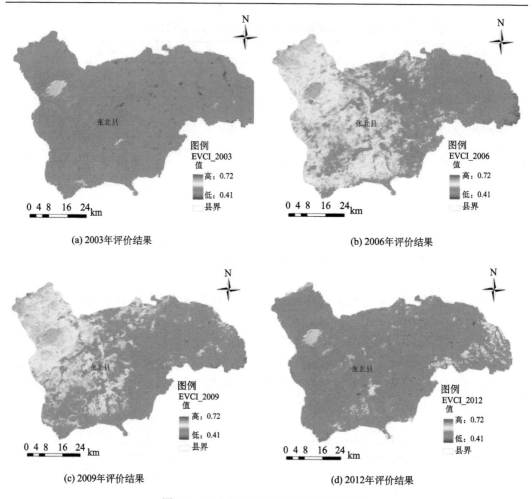

(a) 2003年评价结果　　　　　　　　　　　　　　(b) 2006年评价结果

(c) 2009年评价结果　　　　　　　　　　　　　　(d) 2012年评价结果

图 4-6　河北坝上张北县脆弱性评价结果

4.8　小　　结

　　通过广泛的国内外文献调研,对 5 个生态脆弱区分别确定其生态脆弱性的主要原因,进行脆弱性表现及特征分析。在此基础上遴选出各个生态脆弱区可选脆弱因子,包括所有生态脆弱区类型均适用的共性脆弱性指标及每种生态脆弱区类型所特有的脆弱性指标。在文献调研的基础上,构建指标体系初稿,选择一套权重确定方法、指标归一化方法和综合指数计算方法,确定最终评价结果表达方式,构建生态脆弱区环境综合评价模型。根据已经建立的环境综合评价模型,通过 5 个实验区的数据进行模型验证,并通过文献补充调研和专家咨询等方法对模型进行修订和完善,包括指标因子的再筛选及权重的调整。利用多时相遥感数据对 5 个典型脆弱区环境评价模型所需的评价因子进行反演,并利用脆弱区环境评价模型对 2003 年、2006 年、2009 年和 2012 年 4 个时间段的河北坝上、江西泰和、四川若尔盖、青海三江源和福建厦门沿海 5 个典型区进行脆弱性评价验证。

第 5 章　脆弱区生态环境综合评价技术系统集成

5.1　系统总体集成方案

生态脆弱区环境综合评价技术系统需要处理大量包括可见光、热红外、LiDAR 以及 SAR 等在内的多源遥感数据，具有数据量大、功能模块多样以及用户需求差异性大等特点。在开发集成系统的过程中，需要解决评价系统和验证模型快速构建的问题，要从多源数据集成、功能集成、界面集成完成遥感数据产品应用效果评价系统集成，因此，需研究环境综合评价技术系统软件框架架构、框架-插件模型技术以实现系统模型的集成，以及多源异构数据框架设计与数据库集成。

5.1.1　需 求 分 析

脆弱区生态环境综合评价技术系统主要是针对生态环境综合评价需求进行数据管理、数据预处理、数据融合、参数反演、环境评价、专题制图及评价结果发布等一体化研究工作的开展而开发的一套演示系统，用户主要为采用相关模型方法进行生态环境评价的工作人员。

系统的开发基于 Windows 平台，采用成熟的.NET 技术、ArcEngine 技术、ArcSDE 技术、ArcServer 技术，并为以后系统的进一步研发和完善提供足够的可扩展性。软件系统应具有通用性，对其他资源的状况评价具有借鉴意义。系统主要功能模块如表 5-1 所示。

表 5-1　系统主要模块

模块	功能
数据管理	实现对多源空间数据的数据库管理
数据预处理	实现对空间数据的预处理工作
数据融合	实现对多源遥感数据的数据融合
数据同化	实现了卡尔曼滤波等模型
协同反演	实现了对生物量等参数的反演
环境评价	利用层次分析法对生态环境进行评价
专题制图	实现对各评价结果的专题成图
数据发布	实现系统成果发布

5.1.2　运 行 环 境

1) 硬件平台

硬件最低要求： CPU P4 2G 以上 PC 机，内存 1G 以上，硬盘 160G 以上。

2) 软件平台

操作系统：Windows2000，Windows XP，Windows 2003，Windows 7。

数据库系统：SQL Server2008 数据库系统、文件系统。

支撑运行库：.NET Framework 4.0 运行期库、ArcEngine 10.0 运行期库、ArcSDE 10.0 运行期库、ArcServr 10.0、MATLAB R2008 a 运行期库。

3) 开发环境

Visual Studio 2010。

C# 开发语言。

IDL 开发语言。

4) 基本设计概念

可靠性：确保系统的最低失效性，保证数据的有效性和可用性。

易用性：确保系统的操作简单、易懂，具有指引性。

高效性：确保系统具有较高的性能。在处理大批量数据时，具有良好的性能。

扩展性：系统应该提供良好的可扩充性，便于今后平台新的业务扩展，便于与用户的其他系统整合，适应用户需求的变化。

5.1.3　设　计　原　则

环境综合评价技术系统的软件框架需要构建分布式存储的海量多尺度、多源、多类型数据的有效组织与管理方法，包括空间数据分图层、分区域、分内容的存储方法；数据读写权限设置与控制方法；空间数据索引方法；空间数据增量更新时的一致性维护方法；以及多源数据传输方法等。此外，还需设计有行业工作业务特色的专用空间数据服务与调用机制。针对部分行业应用数据保密性要求，设计必要的空间数据和非空间数据系统管理框架，研究、设计客户端应用与服务端平台之间的交互及快速数据查找与操作的方法，保证各级、各类用户能够实现对分布式存储环境综合评价技术系统海量多尺度、多源信息的快速检索、存取和处理。在这些基本功能的基础上，集成研究在遥感反演关键技术相应算法、环境评价指标体系及综合评价模型等功能，形成满足脆弱区生态环境评价需求的集成演示系统。本系统的设计原则主要包括以下几个。

1) 实用性原则

实用性就是通过建立系统与人、与环境之间的协调，使新建立的系统能够最大限度地满足客户的各项需求。也就是用较少的资金、较快的速度建成一个用户界面友好、易于操作的实用系统。

2) 先进性原则

先进性包括指导思想的先进性和核心技术的先进性。先进性服务于实用性。计算机及网络技术在近年来发展极快，技术更新的周期也在缩短，而且这种发展速度还将继续若干年。因此，从技术的先进性衡量，就要求所建立的系统具有一定的先进性。

3) 可扩充性原则

在系统平台建设上，既考虑了目前系统对支撑环境的要求，也考虑了未来发展的需要：随着数据量的增加和用户的扩展，系统对硬件软、件的要求会不断提高。因此，在设计上应能保证系统在扩大、改变与发展时能使原有的软、硬件资源得到最有效的保护。保证系统可扩充性的关键是使用"开放性"技术。

4) 可靠性原则

要求系统具有较高的可靠性。设计方案中，采用空间数据库存储数据，确保系统的最低失效性，保证数据的有效性和可用性。

5) 系统安全性原则

安全性主要是指系统的访问权限和访问级别的安全性。系统在设计上充分考虑了这点，采用操作权限控制和用户口令加密机制，保证系统的安全性。

6) 系统易用性和友好型原则

提供友好的用户操作界面，具备直观易用的人机界面，以提供友好易用的操作界面和人性化的操作方式。

7) 经济型原则

较高的性能价格比，充分利用现有系统资源。

8) 系统技术路线

系统遵循了以下技术标准。

A. 面向对象的设计思想

面向对象程序设计(object-oriented programming, OOP)指一种程序设计范型，同时也是一种程序开发的方法论。它将对象作为程序的基本单元，将程序和数据封装其中，以提高软件的重用性、灵活性和扩展性。

当我们提到面向对象的时候，它不仅指一种程序设计方法。它更多意义上是一种程序开发方式。在这一方面，我们必须了解更多关于面向对象系统分析和面向对象设计(object oriented design, OOD)方面的知识。

面向对象程序设计的雏形，早在 1960 年的 Simula 语言中即可发现。当时的程序设计领域正面临着一种危机:在软硬件环境逐渐复杂的情况下,软件如何得到良好的维护?

面向对象程序设计在某种程度上通过强调可重复性解决这一问题。20 世纪 70 年代的 Smalltalk 语言在面向对象方面堪称经典——以至于 30 年后的今天依然将这一语言视为面向对象语言的基础。

面向对象程序设计可以被视作一种在程序中包含各种独立而又互相调用的单位和对象的思想，这与传统的思想刚好相反：传统的程序设计主张将程序看作一系列函数的集合，或者直接就是一系列对电脑下达的指令。面向对象程序设计中的每一个对象都应该能够接受数据、处理数据并将数据传达给其他对象，因此，它们都可以被看作一个小型的"机器"，或者说是负有责任的角色。

目前已经被证实的是，面向对象程序设计推广了程序的灵活性和可维护性，并且在大型研究设计中广为应用。此外，支持者声称面向对象程序设计要比以往的做法更加便于学习，因为它能够让人们更简单地设计并维护程序，使得程序更加便于分析、设计、理解。

B. 组件式开发技术

组件式软件技术已经成为当今软件技术的潮流之一。为了适应这种技术潮流，GIS 软件像其他软件一样，已经或正在发生着革命性的变化，即由过去厂家提供了全部系统或者具有二次开发功能的软件，过渡到提供组件由用户自己再开发的方向上来。无疑，组件式 GIS 技术将给整个 GIS 技术体系和应用模式带来巨大影响。

GIS 技术的发展，在软件模式上经历了功能模块、包式软件、核心式软件，从而发展到组件式 GIS 和 WebGIS 的过程。传统 GIS 虽然在功能上已经比较成熟，但是由于这些系统多是基于十多年前的软件技术开发的，属于独立封闭的系统。同时，GIS 软件变得日益庞大，用户难以掌握，费用昂贵，阻碍了 GIS 的普及和应用。组件式 GIS 的出现为传统 GIS 面临的多种问题提供了全新的解决思路。

组件式 GIS 的基本思想是把 GIS 的各大功能模块划分为几个控件，每个控件完成不同的功能。各个 GIS 控件之间，以及 GIS 控件与其他非 GIS 控件之间，可以方便地通过可视化的软件开发工具集成起来，形成最终的 GIS 应用。控件如同一堆各式各样的积木，它们分别实现不同的功能(包括 GIS 和非 GIS 功能)，根据需要把实现各种功能的"积木"搭建起来，就构成应用系统。

把 GIS 的功能适当抽象，以组件形式供开发者使用，将会带来许多传统 GIS 工具无法比拟的优点。

a. 小巧灵活、价格便宜

由于传统 GIS 结构的封闭性，往往使得软件本身变得越来越庞大，不同系统的交互性差，系统的开发难度大。在组件模型下，各组件都集中地实现与自己最紧密相关的系统功能，用户可以根据实际需要选择所需控件，最大限度地降低了用户的经济负担。组件化的 GIS 平台集中提供空间数据管理能力，并且能以灵活的方式与数据库系统连接。在保证功能的前提下，系统表现得小巧灵活，而其价格仅是传统 GIS 开发工具的十分之一，甚至更少。这样，用户便能以较好的性能价格比获得或开发 GIS 应用系统。

b. 无须专门 GIS 开发语言

传统 GIS 往往具有独立的二次开发语言，对用户和应用开发者而言存在学习上的负担。而且使用系统所提供的二次开发语言，开发往往受到限制，难以处理复杂问题。而组件式 GIS 建立在严格的标准之上，不需要额外的 GIS 二次开发语言，只需实现 GIS 的基本功能函数，按照 Microsoft 的 ActiveX 控件标准开发接口。这有利于减轻 GIS 软件开发者的负担，而且增强了 GIS 软件的可扩展性。GIS 应用开发者，不必掌握额外的 GIS 开发语言，只需熟悉基于 Windows 平台的通用集成开发环境，以及 GIS 各个控件的属性、方法和事件，就可以完成应用系统的开发和集成。目前，可供选择的开发环境很多，如 Visual Studio 2005、Visual C++、Visual Basic、Visual FoxPro、Delphi、C++ Builder 以及 Power Builder 等都可直接成为 GIS 或 GMIS 的优秀开发工具，它们各自的优点都能够得到充分发挥。这与传统 GIS 专门性开发环境相比，是一种质的飞跃。

c. 强大的 GIS 功能

新的 GIS 组件都是基于 32 位系统平台的，采用 InProc 直接调用形式，所以无论是管理大数据的能力还是处理速度方面均不比传统 GIS 软件逊色。小小的 GIS 组件完全能提供拼接、裁剪、叠合、缓冲区等空间处理能力和丰富的空间查询与分析能力。

d. 开发简捷

由于 GIS 组件可以直接嵌入 MIS 开发工具中，对于广大开发人员来讲，就可以自由选用他们熟悉的开发工具。而且，GIS 组件提供的 API 形式非常接近 MIS 工具的模式，开发人员可以像管理数据库表一样熟练地管理地图等空间数据，无需对开发人员进行特殊的培训。在 GIS 或 GMIS 的开发过程中，开发人员的素质与熟练程度是十分重要的因素。这将使大量的 MIS 开发人员能够较快地过渡到 GIS 或 GMIS 的开发工作中，从而大大加速 GIS 的发展。

e. 更加大众化

组件式技术已经成为业界标准，用户可以像使用其他 ActiveX 控件一样使用 GIS 控件，使非专业的普通用户也能够开发和集成 GIS 应用系统，推动了 GIS 大众化进程。组件式 GIS 的出现使 GIS 不仅是专家们的专业分析工具，同时也成为普通用户对地理相关数据进行管理的可视化工具。

5.1.4　系统功能结构

在环境评价工作中，数据的采集、管理及处理是最主要的内容。技术人员将针对研究区地理位置、区域概况、气候条件等方面制定相应的环境评价指标体系，然后搜集数据并将其进行处理入库，再根据环境综合评价系统进行数据的处理与分析，最后将处理的结果通过系统进行数据的发布。而普通用户、相关部门人员及决策者则可以通过网络和自己相应的访问权限获取相关的环境评价数据。环境综合评价系统的业务流程如图 5-1 所示。

由于环境综合评价技术系统的数据源包括环境质量数据、基础地理信息数据以及多源遥感数据等，在开发过程中需要采用多源异构数据框架设计与数据库集成技术，并实现异构平台、异构大型数据库设计集成、系统管理、安全认证、数据共享等功能(图 5-2)。

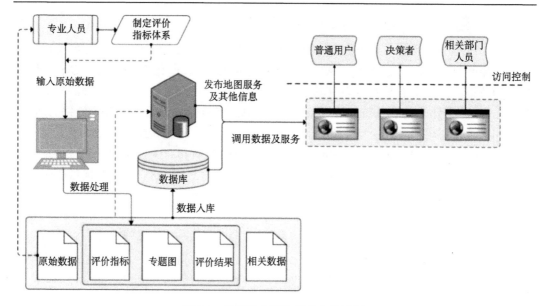

图 5-1　环境综合评价系统业务流程

设计环境综合评价技术验证的数据构成与组织方法包括数据分类、数据间链接关系、数据存储组织方式、要素表达方式及相关图式图符等，包括规范、整理并充实遥感数据产品，建立业务应用信息库，并实现其与基础地理框架信息的集成。

为了满足不同生态环境脆弱区环境综合评价的需求，系统详细设计如下。

1) 一套系统集成接口

对外系统需要：①提供遥感数据产品访问接口，需要完成地址实体的解析转换；②提供应用效果评价模型调用接口；③提供目录规则驱动接口，系统级操作接口、节点级操作接口，实现卫星遥感数据产品类型扩展和应用效果评价模型集成管理。

对内系统需要：①提供卫星产品交换接口，提供数据归档接口、数据提取接口，提供内部数据读写接口实现遥感产品集成；②系统框架对外提供一致的评价模型扩展接口，用户遵循该接口实现模型开发、聚合和重构；③模型库需要提供插件和组件开发标准接口，实现评价模型集成、功能插件注册。

2) 卫星遥感数据产品库

针对每个遥感数据中心的节点，需要解决海量数据产品存储，完成包括初级数据产品、中间数据产品、标准数据产品以及专题数据产品的统一存储管理，构建要素齐全、时间序列长、多源、多类型、多尺度、海量的地表空间数据库。具体包括基于知识规则驱动的评价指标数据库、基础地理框架数据库、业务应用方向标准库等。

3) 环境综合评价应用效果评估工具

不同研究区的环境综合评价应用都有一套遥感数据产品应用分析与评价的体系。为达到卫星数据产品资源共享和有效利用，环境综合评价应用效果评估工具应包括评价指

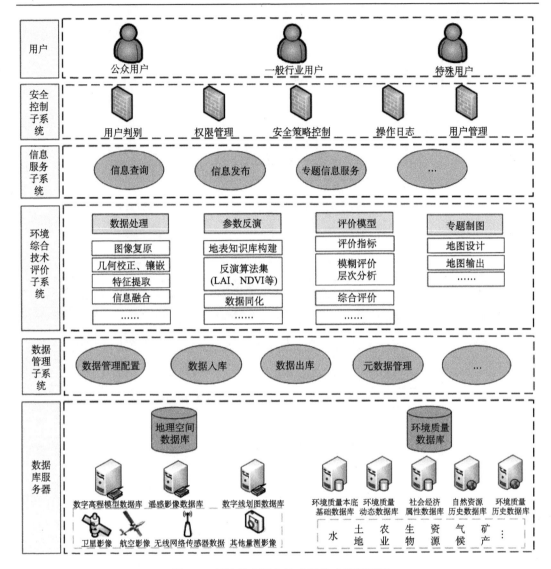

图 5-2　环境综合评价技术系统功能框架图

标提取模块、任务日志管理模块、卫星遥感数据产品管理模块、应用效能评价模块等。

生态环境综合评价系统具有数据管理、数据预处理、多源遥感数据融合、参数反演、数据同化等前期功能，还要具有进行环境评价的功能模块，同时也应具有成果的发布，专题图制作以及其他基本 GIS 系统的功能。在进行生态环境评价系统功能设计时应从实际出发，既要考虑到功能模块的实现，也要考虑到各个功能模块之间的关系。本系统将模拟实现的功能进行整理和分类，以模块化的方式设计了生态环境综合评价系统的桌面端。系统桌面端系统功能结构如图 5-3 所示。

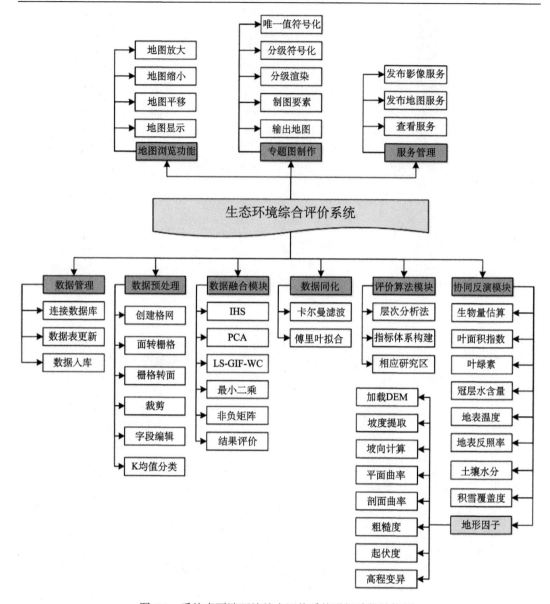

图 5-3　系统桌面端环境综合评价系统详细功能结构图

5.2　生态环境综合评价数据库系统

　　环境综合评价数据库系统的数据存储采用了关系型数据库与空间数据引擎相结合的方式进行数据的存储管理。关系型数据库采用了 SQL Server 2008 与 My SQL5.5 数据库管理系统，空间数据引擎采用了 ArcSDE 10.0 for SQL Server。原始数据、评价指标及评价结果的空间数据由 ArcSDE 进行管理存储，其他属性数据由关系数据库进行管理。其中，数据服务信息和数据结构信息存储在 SQL Server 2008 数据库中，用户信息及相关的权限信息存储在 MySQL5.5 中。数据存储管理如图 5-4 所示。

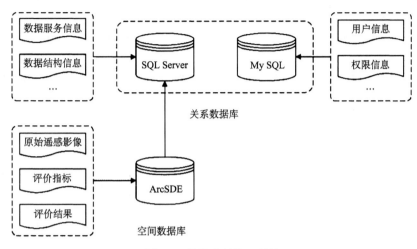

图 5-4　数据存储管理结构

　　根据生态环境评价工作所需数据的特点，进行本系统的数据库设计。系统数据库遵照 "满足需求""主子表结合""最少数据冗余" 的原则进行设计。首先设计一个兼容性良好的主表，然后在这个总表的基础上设计各个关联子表，逐步形成系统的总体框架。这个总体框架应使各种信息能够方便地进行组织以及提供一些功能性服务，从而使各子系统真正成为一个有机整体。专题数据库中存储的数据主要包括如下。

　　1）原始数据

　　原始数据包括卫星遥感数据、统计年鉴及气象数据。其中，遥感数据主要是针对 Landsat 卫星数据、HJ-1A/1B 卫星数据等，统计年鉴主要是研究区的 GDP、人口密度等信息，气象数据则为研究区的气温及降水量等信息。

　　2）评价指标

　　评价指标数据是专业人员将原始数据进行预处理后获取的专题信息，评价指标数据包含了评价指标体系中所涉及的各个评价指标，如土地利用分类、植被覆盖度、年平均降水量等信息。

　　3）评价结果数据

　　评价结果数据则是通过专业人员制定环境综合评价指标体系，根据该指标体系选择相应的评价指标，再根据系统选用的层次分析法确定权重后，加权累积得到的结果数据。

　　在数据库设计中，根据 ArcSDE 的特点，把数据按照数据集、要素集、要素类进行分类，形成三级树形目录，也即每级目录建立一张表，其存放在指定用户中，每张表通过主键关联起来，其表结构如表 5-2~表 5-4 所示。

表5-2　数据集设计表

字段名	中文含义	是否主键	类型	长度
OID	序号	false	INTEGER	
CatalogID	数据集编号	true	INTEGER	
CatalogName	数据集名称	false	VARCHAR	50

表5-3　要素集设计表

字段名	中文含义	是否主键	类型	长度
OID	序号	false	INTEGER	
DatasetName	要素集名称	false	VARCHAR	50
DatasetAlias	要素集别名	false	VARCHAR	50
DatasetID	要素集编号	true	INTEGER	
CatalogID	数据集编号	false	VARCHAR	50

表5-4　要素类设计表

字段名	中文含义	是否主键	类型	长度
OID	序号	false	INTEGER	
DatasetID	要素集编号	false	INTEGER	
LayerName	图层名称	false	VARCHAR	50
LayerAlias	图层别名	false	VARCHAR	50
SubDatasetID	要素子集编号	false	INTEGER	

数据导航数据库的呈现形式是以四级树形目录表现出数据集、要素集、要素类之间的分级结构。

环境综合评价数据库系统的主要功能包括：①对研究中涉及的数据进行管理，包括增、删、查、改功能，元数据管理功能，版本及权限控制功能；②提供数据调度接口，为研究中其他子系统提供数据支撑。系统部分功能如（图5-5~图5-8）。

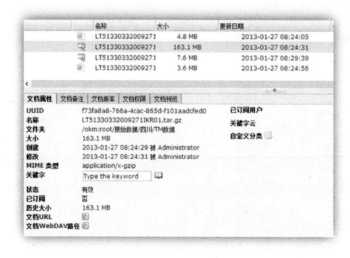

图5-5　元数据查询管理

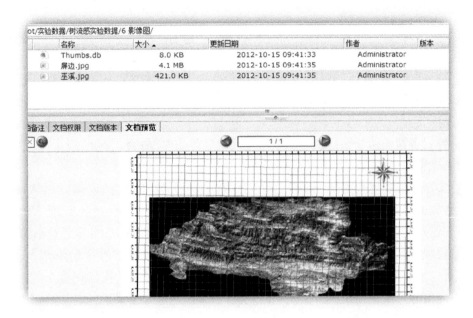

图 5-6　专题数据预览

	名称	大小	更新日期	作者	版本
	LT51330332009271	4.8 MB	2013-01-27 10:43:05	Administrator	1.2
	LT51330332009271	163.1 MB	2013-01-27 08:24:31	Administrator	1.0
	LT51330332009271	7.6 MB	2013-01-27 08:29:39	Administrator	1.0
	LT51330332009271	3.6 MB	2013-01-27 08:24:56	Administrator	1.0

文档属性 | 文档备注 | 文档权限 | 文档版本 | 文档预览 | Technology | Consulting

版本	日期	作者	大小		版本压缩	注释
1.2	2013-01-27 10:43:05	Administrator	4.8 MB	查看		测试修改2
1.1	2013-01-27 10:42:22	Administrator	4.8 MB	查看	恢复	测试修改1
1.0	2013-01-27 08:24:05	Administrator	4.8 MB	查看	恢复	

图 5-7　版本控制

	名称	大小	更新日期	作者	版本
	LT51330332009271	4.8 MB	2013-01-27 10:43:05	okmAdmin	1.2
	LT51330332009271	163.1 MB	2013-01-27 08:24:31	Administrator	1.0
	LT51330332009271	7.6 MB	2013-01-27 08:29:39	Administrator	1.0
	LT51330332009271	3.6 MB	2013-01-27 08:24:56	Administrator	1.0

备注 | 文档权限 | 文档版本 | 文档预览 | Technology | Consulting

读	写	删	安全	更新	用户	读	写	删
✓	✓	✓	✓		Administrator	✓	✗	✗

图 5-8　数据权限控制

5.3　多源数据融合系统

由于不同传感器获得的遥感数据各有优势,为了综合利用这些数据优势,便于后期的地物分类和目标识别,需要建立一套多源遥感数据融合系统。多源遥感数据融合系统有以下功能特点。

(1)针对多源传感器获得的遥感数据进行数据预处理、融合、评价、应用等研究工作,形成一套完整的系统。

(2)实现多源遥感数据融合功能,对于不同空间分辨率和波谱分辨率的遥感数据,综合多种数据的优点,得到同时具有高空间分辨率和高光谱分辨率的融合结果。数据融合包括高光谱数据和多光谱数据或全色数据的融合,以及多光谱数据和全色数据的融合。

(3)集成了融合结果的质量评价指标体系,指标体系综合了多种定量评价,以对融合结果进行定量分析,实现简单的数据输入处理就可得到定量评价指标。

(4)开发融合结果在植被方面的应用功能。简单地对融合结果进行定量指标评价并不能充分说明融合方法的性能,融合结果最终面向一定的应用目的,为此开发了融合结果在植被指数计算方面的应用,包括多种植被指数的计算。

(5)系统具有良好的稳定性、可扩充性、先进行、易用性。

(6)系统用户操作简单,具有好的可视化界面,面向的用户主要为采用遥感数据进行综合遥感应用,如环境监测、目标识别等的工作人员。

多源遥感数据融合系统采用面向对象思想,模块化设计方案进行设计。系统主要功能模块包括数据预处理、融合、融合结果评价、植被指数计算 4 个功能模块。系统主要功能模块如图 5-9 所示。

预处理模块主要实现数据空间重采样和波段重新选择功能。融合模块包含全色数据融合方法和高光谱数据融合方法。其中,全色数据融合方法有 IHS,PCA,基于 GIF 框架的最小二乘法 LS-GIF-WC(GIF based least square-fusion algorithm with classification)和基于统一理论框架的调制传递函数法 MTF-GIF(modulation transfer function based on general image fusion)。高光谱数据融合方法 CNMF 和 CLS。在以下各个融合方法的展示结果中,对于 IHS,PCA 和 LS-GIF-WC 融合方法,数据为若尔盖的 TM 全色数据和多光谱数据;对于 MTF-GIF 方法,数据为北京一号的多光谱和全色数据;对于 CNMF 和CLS 融合方法,数据源于若尔盖的 HJ-1A 的 HIS 高光谱数据和多光谱数据。部分预处理模块界面如图 5-10、图 5-11 所示。

融合结果评价指标主要为定量评价指标,包括峰值信噪比、波谱角误差、信息熵、图像清晰度、方差、相关系数、通用质量评价指标等。

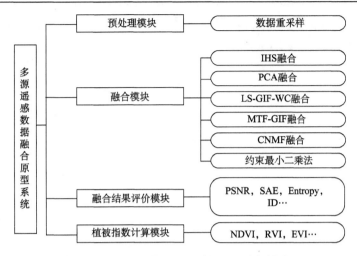

图 5-9 多源遥感数据融合系统主要功能模块图

　　植被指数计算是为融合结果的应用进行设计的。结合相应植被指数的求解公式，并根据数据的各个波段的中心波长信息计算多种植被指数。植被指数的种类包括归一化植被指数 NDVI，比值植被指数 RVI 等。

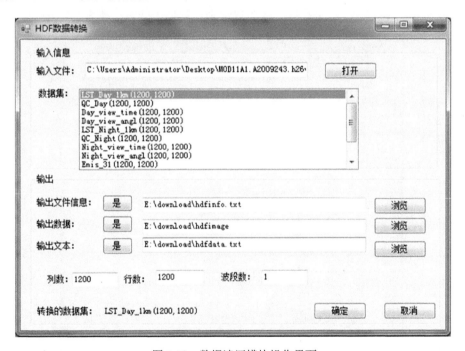

图 5-10 数据读写模块操作界面

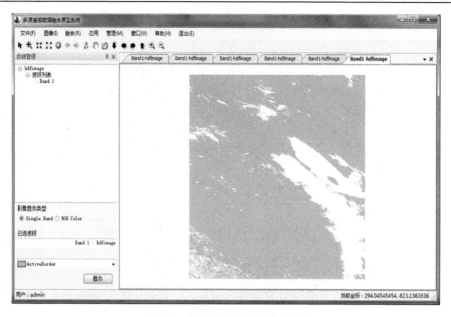

图 5-11　输出数据显示模块界面

输出文件信息，包括文件名和包含的数据集、数据集的大小维数(图 5-12)。

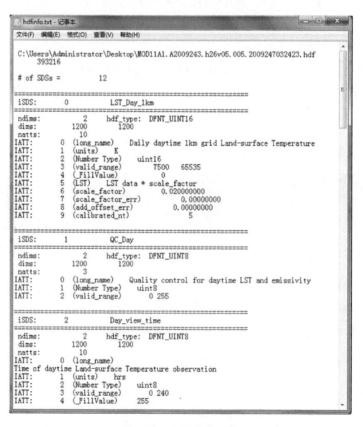

图 5-12　输出数据信息

多光谱数据和全色数据融合。多光谱数据采用的是若尔盖 2013 年的 HJ-1A 的 CCD 数据，空间分辨率为 30 m，裁剪的实验数据大小为 1000×1000，全色数据采用的是 2013 年 7 月 23 日的 Landsat 8 的全色数据，空间分辨率为 15 m，裁剪的实验报告数据大小为 2000×2000。基于 PCA 和 LS-GIF-WC 的融合结果分别如图 5-13、图 5-14 所示。

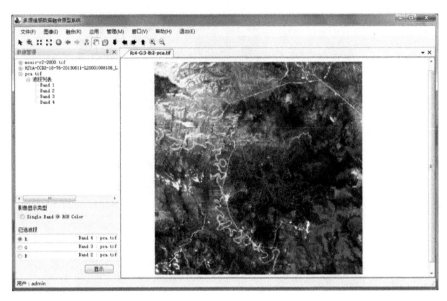

图 5-13　PCA 融合结果

图 5-14　LS-GIF-WC 融合结果

多光谱和高光谱数据融合，数据采用的是 HJ-1A 的 HSI 高光谱数据和 CCD 的多光谱数据。HSI 数据有 115 个波段，其空间分辨率大小为 100 m，CCD 数据 4 个波段空间分辨率为 30 m。融合之后的数据有 115 个波段，空间分辨率为 30 m。基于最小二乘的融合结果如图 5-15 所示。关于融合结果的定量评价如图 5-16 所示。

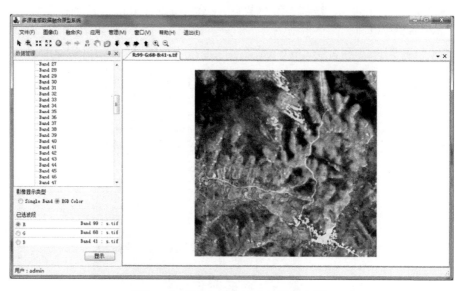

图 5-15　最小二乘的融合结果示意图

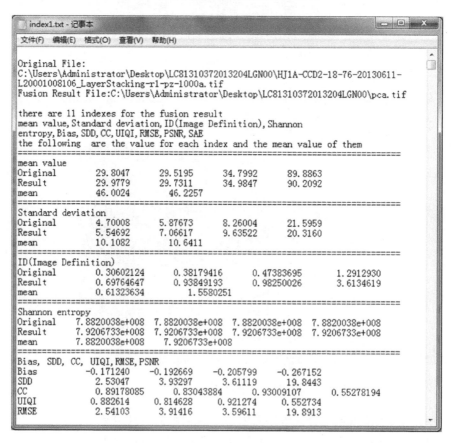

图 5-16　定量评价

5.4　多源数据同化系统

遥感数据同化系统主要针对基于参数反演和同化算法对遥感数据进行时空连续模拟。遥感数据同化系统主要用于实现同化算法业务处理流程。同化技术不仅能基于作物生长模型对植被相关参数在时间序列上平滑，同时也能基于其他物理学动态模型或经验拟合动态模型对水文、气候等相关参数进行估计。通过调整模型参数和初始状态，将遥感数据和动态模型预测值之间的差异最小化。以植被指数为基础的植被结构参数估算方法简单易行，而被广泛使用。通过线性模型和二次多项式模型，完成植被叶面积指数（LAI）、叶绿素含量（C_{ab}）、植被含水量（C_w）的经验估计，其中植物叶片中叶绿素含量的估测，是植被监测的一个研究重点。一段时期内叶绿素含量的变化能够反映植物光合作用的强度，同时也可反映出植物所处的生长期、生长状况等信息。许多研究表明绿、红以及红外波段附近的光谱信息对于叶绿素含量较为敏感，基于这些波段而建立的 NDVIgreen 植被指数可用于植被冠层层次叶绿素含量的估测。水分是控制植物光合作用、呼吸作用和生物量的主要因素之一，水分亏缺会直接影响植物的生理生化过程和形态结构，从而影响植物生长和产量与品质，因此，植物的水分在农林业的应用中是一个重要的参数。利用 NDWI 来估算叶片相对含水量（fuel moisture content，FMC），对研究植物水分状况具有重要意义。

数据同化模块包含了集合卡尔曼滤波方法和傅里叶拟合方法。本系统分为后台管理端、服务器端和客户端 3 个部分。遥感数据同化系统构架如图 5-17 所示。

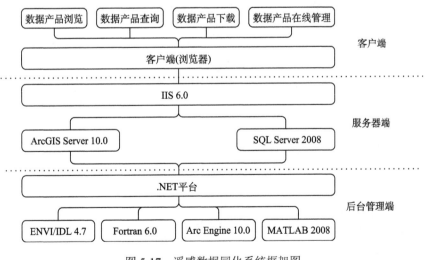

图 5-17　遥感数据同化系统框架图

客户端：利用 Internet Explorer 8.0 及其以上版本、Firefox 6.0.0 及其以上版本等浏览器，可对遥感数据产品进行浏览、查询、下载、在线管理等。

服务器端：IIS 6.0 作为 Web 服务器，用于支持遥感数据产品的查询、删除、下载等功能；ArcGIS Server 10.0 作为 GIS 应用服务器，用于支持数据产品的在线浏览；SQL Server 2008 作为数据库，用于支持遥感数据产品相关信息以及用户权限信息的存储。

后台管理端：基于.NET 平台，使用 C#高级程序设计语言编写，并调用 ENVI/IDL 4.7 平台、MATLAB 2008 平台、Fortran 6.0 平台以及 Arc Engine 10.0 平台快速实现遥感数据的读入、存储、处理、浏览、专题图制作等功能。

本系统采用 C#、IDL 和 Fortran 混合编程技术。系统开发环境描述如下。

① 开发平台

GIS 服务软件：ESRI ArcEngine 10.0、ESRI ArcGIS Server 10.0；

开发工具：Microsoft Visual Studio 2010、IDL Workbench 7.1、Adobe Flash Builder 4.0；

数据库：SQL Server 2008。

② 语言工具

客户端界面描述语言：MXML、HTML；

客户端界面交互及逻辑运算语言：ActionScript、JavaScript；

Web 服务器端功能实现语言：ASP.NET；

后台管理端功能实现语言：C#、IDL、Fortran；

数据操纵语言：SQL。

系统已实现功能分述如下。

1)后端管理系统登录模块

登录模块用于区分用户权限(图 5-18)。

图 5-18　数据同化系统登录界面

2)后端管理系统主界面

后端管理系统主界面包括菜单栏、工具栏、数据管理栏、图像浏览窗口和状态栏。

3) ENKF 运算

模块操作界面如图 5-19 所示。

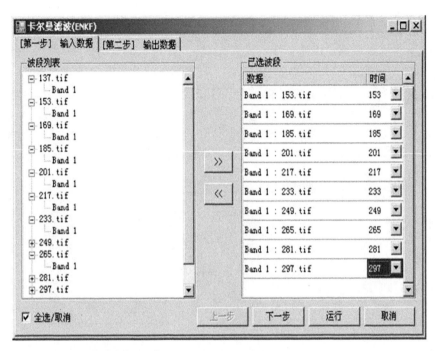

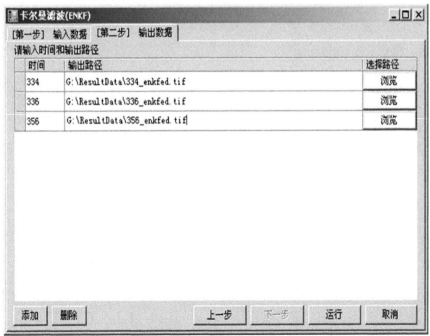

图 5-19　卡曼滤波算法(ENKF)

4) ACRM 运算

模块操作界面如图 5-20 所示。

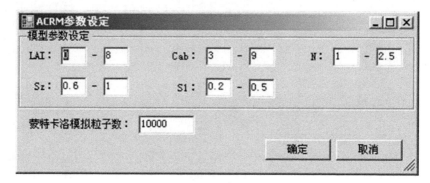

图 5-20　ACRM 模块操作界面

5) LST 温度反演（图 5-21）

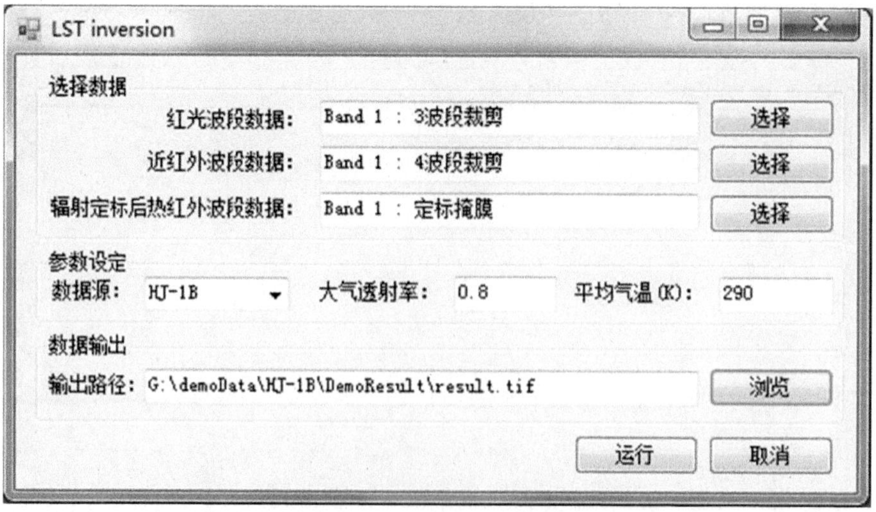

图 5-21　LST 温度反演模块

5.5　生态环境评价因子综合反演系统

　　环境评价因子综合反演系统能够实现地表反射照率、地表温度、植被指数、植被生物量等相关的反演功能。系统的体系结构及部分功能界面如图 5-22~图 5-28 所示。

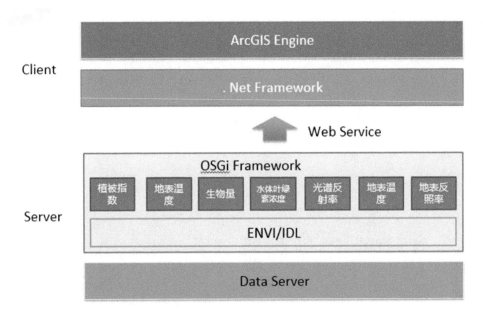

图 5-22　环境因子综合反演系统体系结构

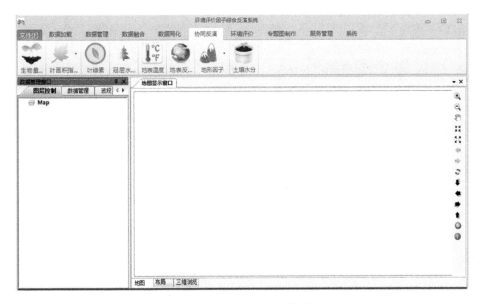

图 5-23　环境因子综合反演系统功能界面

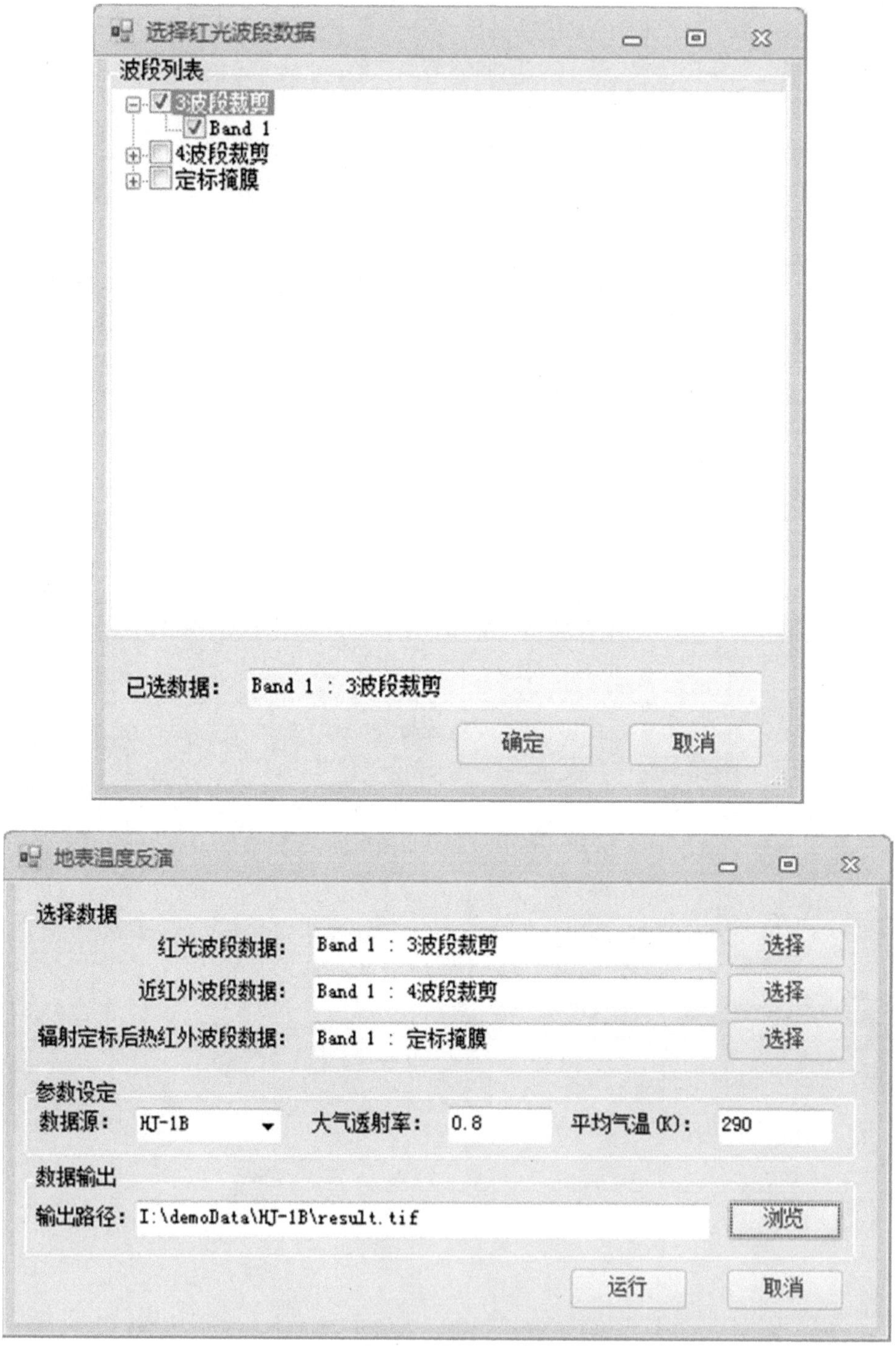

图 5-24 地表温度反演功能界面示例

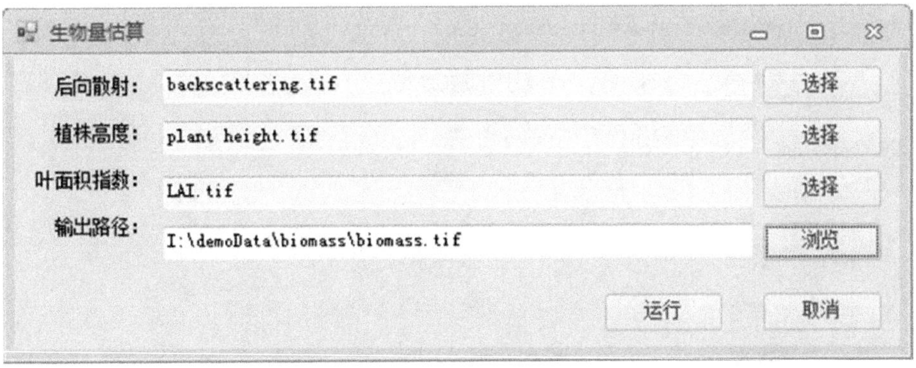

图 5-25　生物量估算功能界面示例

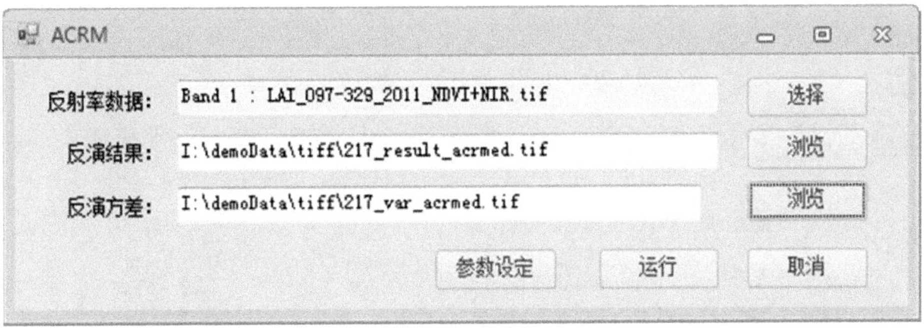

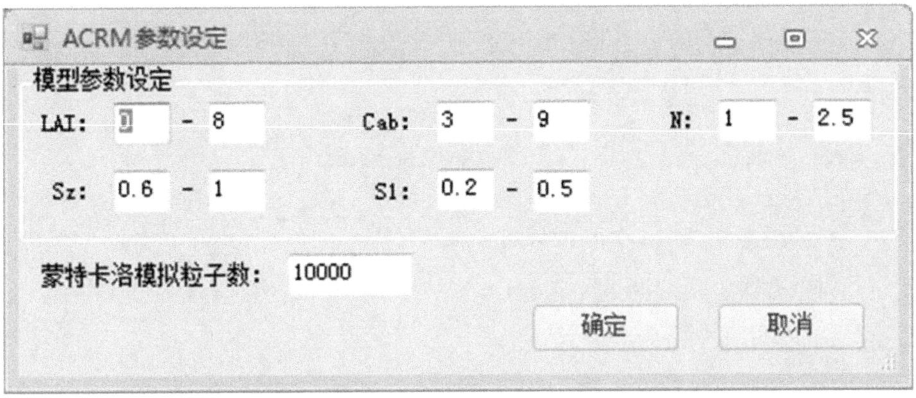

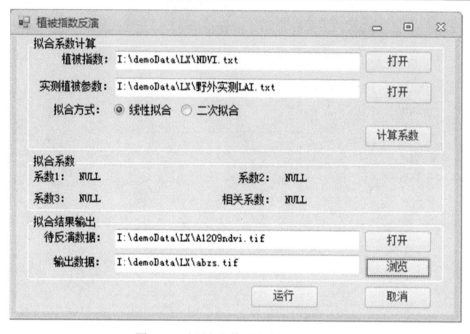

图 5-26　叶面积指数反演功能界面示例

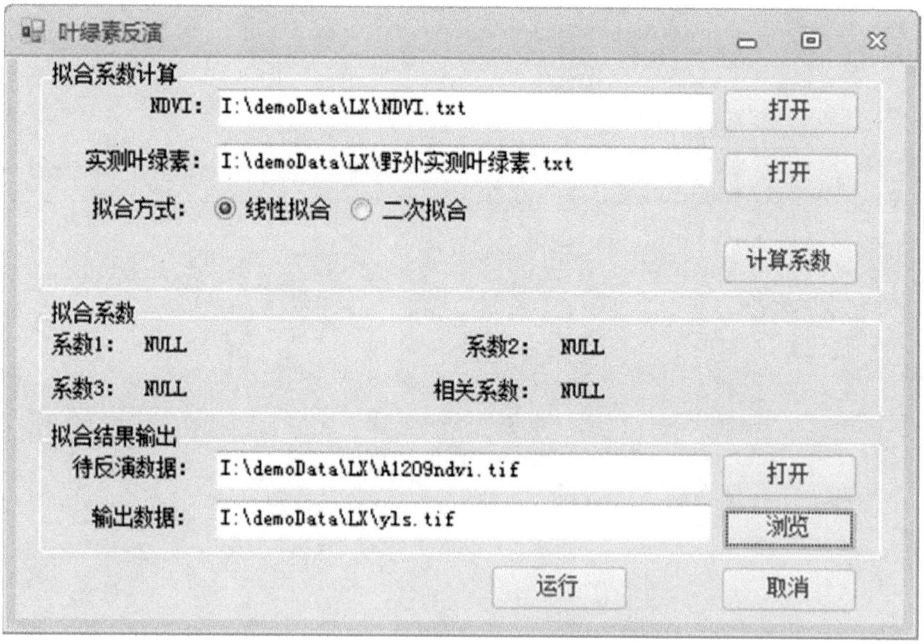

图 5-27　叶绿素反演功能界面示例

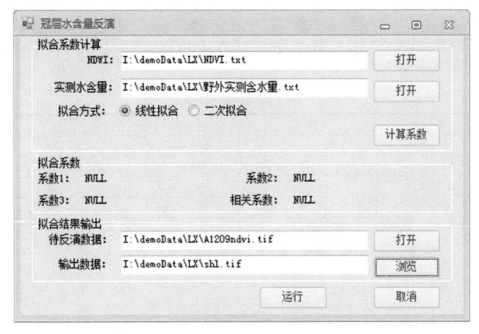

图 5-28　冠层水含量反演功能界面示例

环境评价因子综合反演系统主要基于.NET 框架,利用 COM 组件进行多种语言的混合编程。系统在 Visual Studio 2010 开发环境下,利用面向对象的 C#语言进行二次开发,调用 ENVI/IDL 的 COM 组件 com_idl_connect,MATLAB 的 COM 组件和 ArcGIS Engine 组件式开发工具包进行系统开发。混合编程语言的优势在于以下几方面。

(1)C#语言为面向对象的,可以编写独立和相互调用的函数,且有良好的用户界面设计功能。

(2)ENVI/IDL 是强大的遥感数据处理工具,软件自带的遥感数据读取函数使数据读取变得简单化。

(3)MATLAB 强大的函数运算功能,使复杂算法的编写变得简单。

(4)ArcGIS Engine 组件,较好的人机交互功能,解决数据浏览和渲染等问题。

5.6　生态环境综合评价技术应用系统

环境综合评价技术应用系统主要针对生态环境综合评价需求,实现从数据预处理到评价结果获取等一系列数据功能,同时推动了环境评价信息的数据共享,为区域经济的发展和环境保护部门提供了决策支持。

1. 系统结构设计

本系统主要通过.NET 平台与 ESRI 公司提供的 ArcGIS Engine 和 ArcGIS Server 协同开发(表 5-5),利用层次分法对生态环境质量划分等级,为生态环境保护与治理提供决策。正确评价生态环境的现状是区域生态环境预测或预警的基础,也是制订和规划区域国民经济发展计划的重要依据。其主要功能分为指标体系建立、环境评价，以及面向北方农牧交错区、青藏高原复合侵蚀区、西南山地农牧交错区、南方红壤丘陵山地区、沿海水陆交接区的环境评价模型共 7 部分，各功能模块关系图如图 5-29 所示。

表 5-5　系统开发环境

开发平台	ArcGIS Engine, ArcGIS Server，.NET
开发工具	VS2010,Flash Builder, SQL Server
开发语言	C#, ActionScript, IDL
运行环境	Windows 7
数据库	SQL Server

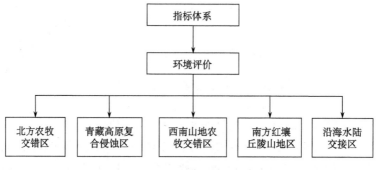

图 5-29　环境评价系统功能模块关系图

2. 系统主要功能模块

1）业务流程

环境评价模块采用的方法是层次分析法。该模块的主要功能是：建立评价指标体系，并可以动态地增加、删除及更新该指标体系。然后对指标体系的各层次建立判断矩阵，算出其权重，最后分别得出各个评价因子的权重值。最后将各个因子乘以相应的权重，得出评价结果（图 5-30）。

2）系统界面设计

环境评价系统主界面主要由图层控制、环境评价区域浏览和菜单操作三部分构成，环境评价指标体系窗口可以显示指标体系的各个因子及其权重，并且可以对指标体系进行修改（图 5-31、图 5-32）。

建立指标体系后，可以利用矩阵判断模块来实现环境评价功能，过程包括：为各个指标层建立判断矩阵，并检验判断矩阵一致性，计算各个因子的权重并显示计算结果（图 5-33）。

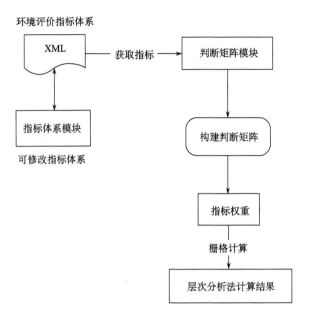

图 5-30　层次分析法模块流程图

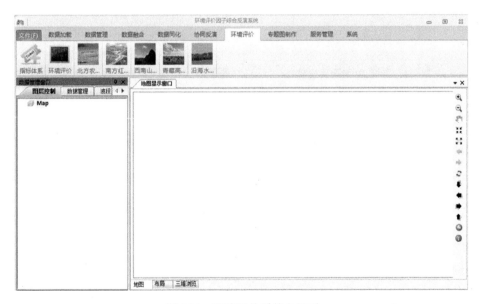

图 5-31　环境评价系统主界面

第一层指标		第二层指标		累积权重
指标名称	权重	指标名称	权重	
压力指标	0.25	人口密度	0.5	0.125
		建筑用地距离	0.5	0.125
状态指标	0.35	土壤含水量	0.2	0.07
		生物量	0.2	0.07
		景观类型	0.2	0.07
		景观多样性	0.2	0.07
		水体叶绿素浓度	0.2	0.07
响应指标	0.4	斑块破碎度	0.5	0.2
		人均GDP	0.5	0.2

刷新　　　添加指标　　　删除指标　　　更新指标　　　取消

添加指标

第一层指标

名称：　压力指标　▼　　　权重：　0.25

第二层指标

名称：　地形起伏度　　　权重：　0.2

确定　　　　取消

删除指标

评价指标：　　土壤含水量　　　　　　　　▼

删除　　　　取消

图 5-32　指标体系窗口

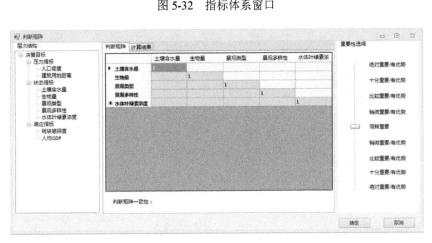

判断矩阵　计算结果　栅格计算

地形起伏度----------0.0756
坡度----------0.1145
年降水量----------0.0658
年均气温----------0.0658
人口密度----------0.0658
干旱植被指数----------0.0496
土地利用类型----------0.035
景观多样性----------0.035
植被覆盖度----------0.0496
斑块破碎度----------0.2956
人均GDP----------0.1478

判断矩阵　计算结果　栅格计算

指标名称	权重	路径	选择路径
地形起伏度	0.0756	F:\2012专题数据\地形起伏度.tif	浏览
坡度	0.1145	F:\2012专题数据\坡度.tif	浏览
年降水量	0.0658	F:\2012专题数据\12降雨.tif	浏览
年均气温	0.0658	F:\2012专题数据\12气温.tif	浏览
人口密度	0.0658	F:\2012专题数据\12人口密度.tif	浏览
干旱植被指数	0.0496	F:\2012专题数据\12TVDI.tif	浏览
土地利用类型	0.035	F:\2012专题数据\12土地利用.tif	浏览
景观多样性	0.035	F:\2012专题数据\12景观多样性指数.tif	浏览
植被覆盖度	0.0496	F:\2012专题数据\12植被覆盖度.tif	浏览
斑块破碎度	0.2956	F:\2012专题数据\12斑块密度.tif	浏览
人均GDP	0.1478	F:\2012专题数据\12人均GDP.tif	浏览

图 5-33　判断矩阵窗口

专题制图模块主要由矢量符号化、栅格渲染、页面设置、插入制图要素、地图输出五部分组成。专题制图模块相关窗口如图 5-34 所示。

页面设置
长度:
100
cm
宽度:
80
cm
方向:
横向
纵向
确定
取消

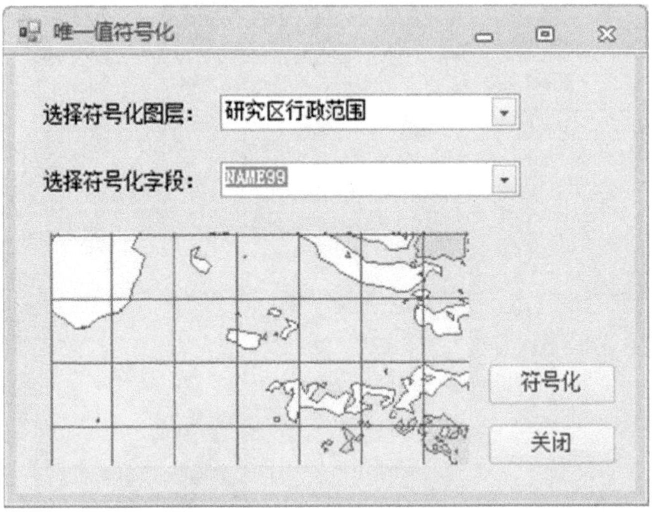
唯一值符号化
选择符号化图层:
研究区行政范围
选择符号化字段:
NAME99
符号化
关闭

分级色彩符号化
选择符号化图层：
研究区行政范围
字段
值字段：
AREA
标准化字段：
None
分类
分类方法：
分类数目：
5
等间隔分类
选择符号化色带
符号化
关闭

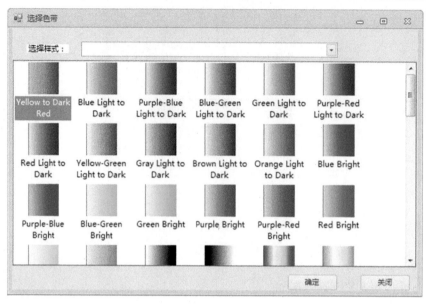

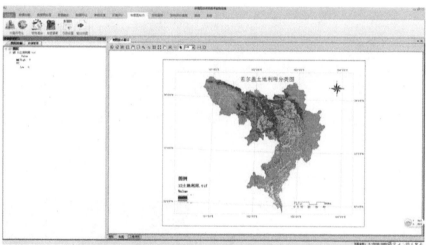

图 5-34　专题制图窗口

发布服务模块主要由数据服务、地图服务及查询服务三个服务组成(图 5-35)。

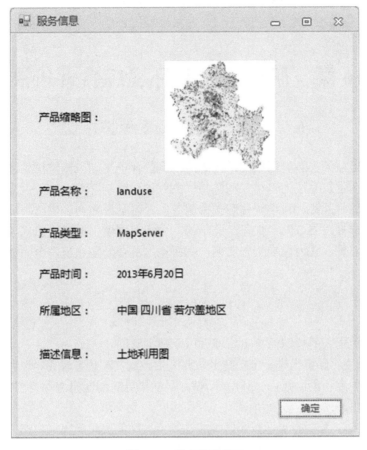

图 5-35　发布服务窗口

　　为了便于演示面向五大脆弱区的环境评价功能，系统内置北方农牧交错区、青藏高原复合侵蚀区、西南山地农牧交错区、南方红壤丘陵山地区、沿海水陆交接区的环境评价模型。

5.7　小　　　结

　　基于.NET 平台与 ESRI 公司提供的 ArcGIS Engine 和 ArcGIS Server 组件，开发了环境综合评价技术演示系统，实现了典型脆弱区生态环境脆弱性评价功能。根据演示系统的功能模块设置，完成了环境综合评价数据库系统、环境评价因子综合反演系统、多源数据同化系统、多源数据融合系统、生态环境评价系统的设计与功能模块的开发工作，并完成了对 5 个子系统的集成工作，该演示系统可以为我国典型脆弱区进行环境参数遥感协同反演和生态环境评价提供技术支持。

第6章 脆弱区生态环境综合评价展望

6.1 全国生态脆弱区保护规划

面向中国当前的生态脆弱问题，生态脆弱区的保护规划应以维护生态系统完整性、恢复和改善脆弱生态系统为目标，在坚持优先保护、限制开发、统筹规划、防治结合的前提下，通过适时监测、科学评估和预警服务，及时掌握脆弱区生态环境演变动态，因地制宜，合理选择发展方向，优化产业结构，力争在发展中解决生态环境问题。同时，强化法制法规监管，大力倡导生态文明，积极增进群众参与意识，全面恢复脆弱区生态系统。

6.1.1 基 本 原 则

我国生态脆弱区的规划保护主要遵循以下基本原则。

(1)预防为主，保护优先。建立健全脆弱区生态监测与预警体系，以科学监测、合理评估和预警服务为手段，强化"环境准入"，科学指导脆弱区生态保育与产业发展活动，促进脆弱区的生态恢复。

(2)分区推进，分类指导。按照区域生态特点，优化资源配置和生产力空间布局，以科技促保护，以保护促发展，维护生态脆弱区自然生态平衡。

(3)强化监管，适度开发。强化生态环境监管执法力度，坚持适度开发，积极引导资源环境可承载的特色产业发展，保护和恢复脆弱区生态系统，是维护区域生态系统完整性、实现生态环境质量明显改善和区域可持续发展的必由之路。

(4)统筹规划，分步实施。在明确区域分布、地理环境特点、重点生态问题和成因的基础上，制定相应的应对战略，分期分批开展，逐步推进，积极探索生态脆弱区保护的多样化模式，形成生态脆弱区保护格局。

6.1.2 规 划 目 标

到2020年，在生态脆弱区建立起比较完善的生态保护与建设的政策保障体系、生态监测预警体系和资源开发监管执法体系；生态脆弱区40%以上适宜治理的土地得到不同程度的治理，水土流失得到基本控制，退化生态系统基本得到恢复，生态环境质量总体良好；区域可更新资源不断增值，生物多样性保护水平稳步提高；生态产业成为脆弱区的主导产业，生态保护与产业发展有序、协调，区域经济、社会、生态复合系统结构基本合理，区域生态环境已步入良性循环轨道，系统服务功能呈现持续、稳定态势；生态文明融入社会各个层面，民众参与生态保护的意识明显增强，人与自然基本和谐。

6.1.3　主　要　任　务

1. 总体任务

以维护区域生态系统完整性、保证生态过程连续性和改善生态系统服务功能为中心，优化产业布局、调整产业结构，全面限制有损于脆弱区生态环境的产业扩张，发展与当地资源环境承载力相适应的特色产业和环境友好产业，从源头控制生态退化；加强生态保育，增强脆弱区生态系统的抗干扰能力；建立健全脆弱区生态环境监测、评估及预警体系；强化资源开发监管和执法力度，促进脆弱区资源环境协调发展。

2. 具体任务

1)调整产业结构，促进脆弱区生态与经济的协调发展

根据生态脆弱区资源禀赋、自然环境特点及容量，调整产业结构，优化产业布局，重点发展与脆弱区资源环境相适宜的特色产业和环境友好产业。同时，按流域或区域编制生态脆弱区环境友好产业发展规划，严格限制有损于脆弱区生态环境的产业扩张，研究并探索有利于生态脆弱区经济发展与生态保育耦合模式，全面推行生态脆弱区产业发展规划战略环境影响评价制度。

2)加强生态保育，促进生态脆弱区修复进程

在全面分析和研究不同类型生态脆弱区生态环境脆弱性成因、机制、机理及演变规律的基础上，确立适宜的生态保育对策。通过技术集成、技术创新，以及新成果、新工艺的应用，提高生态修复效果，保障脆弱区自然生态系统和人工生态系统的健康发展。同时，高度重视环境极度脆弱、生态退化严重、具有重要保护价值的地区，如重要江河源头区、重大工程水土保持区、国家生态屏障区和重度水土流失区的生态应急工程建设与技术创新，密切关注具有明显退化趋势的潜在生态脆弱区环境演变动态的监测与评估，因地制宜，科学规划，采取不同保育措施，快速恢复脆弱区植被，增强脆弱区自身防护效果，全面遏制生态退化。

3)加强生态监测与评估能力建设，构建脆弱区生态安全预警体系

在全国生态脆弱典型区建立长期定位生态监测站，全面构建全国生态脆弱区生态安全预警网络体系。同时，研究制定适宜不同生态脆弱区生态环境质量评估指标体系，科学监测和合理评估脆弱生态系统结构、功能和生态过程动态演变规律，建立脆弱区生态背景数据库资源共享平台，并利用网络视频和模型预测技术，实现脆弱区生态系统健康网络诊断与安全预警服务，为国家环境决策与管理提供技术支撑。

4)强化资源开发监管执法力度，防止无序开发和过度开发

加强资源开发监管与执法力度，全面开展脆弱区生态环境监查工作，严格禁止超采、

过牧、乱垦、滥挖,以及非法采矿、无序修路等资源破坏行为发生;以生态脆弱区资源禀赋和生态环境承载力基线为基础,通过科学规划,确立适宜的资源开发模式与强度、可持续利用途径、资源开发监管办法以及资源开发过程中生态保护措施;研究制定生态脆弱区资源开发监管条例,编制适宜不同生态脆弱区资源开发生态恢复与重建技术标准及技术规范,积极推进脆弱区生态保育、系统恢复与重建进程。

6.1.4　对策措施

针对当前我国生态脆弱区保护规划目标及主要任务,初步制定以下相应的对策措施。

1)完善生态脆弱区的政策与法律法规体系

由于我国脆弱区生态保护与建设法律法规体系不健全,政策措施不完善,导致环境监察与行政执法能力薄弱,资源过度开发、人为破坏生态等仍是引发生态脆弱区土地退化和水土流失的主要因素。因此,加快制定国家《生态保护法》《生态补偿条例》等法律法规,健全生态保护行政执法体制,建设高素质执法队伍、严格管理制度、强化行政执法能力,是杜绝生态脆弱区资源不合理利用、防止乱砍滥伐、无节制开垦、非法采矿等人为破坏现象的有效措施,也是保证规划目标如期实现的关键。

2)强化生态督查,促进生态脆弱区保护与建设

加强生态督查力度,研究制定生态脆弱区重大生态建设工程生态督察专员管理办法和有利于生态脆弱区保护与建设的环境督查、生态监理技术规范以及工程质量验收标准。地方政府应建立由主管领导牵头、相关部门共同参与的生态保护协调机制和政府决策机制,定期或不定期开展联合执法检查,统一生态保护行政执法权限,严厉查处生态脆弱区内各种破坏生态环境和有损生态功能的不法行为,如非法采矿、盗砍森林资源、草原挖药等现象,切实保障生态脆弱区生态环境保护和建设事业的顺利进行。

3)增强公众参与意识,建立多元化社区共管机制

以政府为主导,调动各方积极因素,充分利用广播、电视、报刊等现代媒体,深入宣传保护脆弱区生态环境的重要作用和意义,不断提高全民的生态环境保护意识,积极倡导生态文明,增强全社会公众参与的积极性。同时,各级政府要借助国家新农村建设的有利时机,逐级建立生态保护目标责任制,并与农牧民签订生态管护合同,逐步建成完善的多元化社区共管机制,使生态保护与全民利益融为一体,从根本上实现生态保护社会化。

4)构建生态补偿机制,多渠道筹措脆弱区保护资金

生态脆弱区为国家生态安全作出的公益性贡献大。因此,继续实施生态建设项目向脆弱区倾斜政策,建立有利于脆弱区生态保护的财政转移支付制度和资金横向转移补偿模式,通过横向转移改变地区间既得利益格局,实现公共服务水平的均衡,增加脆弱区

资金投入。

5) 加强科技创新，促进脆弱区生态保育

围绕区域重点生态问题进行协同攻关，深入开展与脆弱区生态保护和建设相关的基础理论与应用研究，积极筛选并推广适宜不同生态脆弱区的保护和治理技术。同时，加快科技成果的转化，通过提高资源利用效率，减少资源消耗，降低开发强度，促进脆弱区生态保育。

6) 探索产业准入管理，从源头遏制脆弱区生态退化

脆弱区生态环境脆弱性的根源一方面是受脆弱区本身地形地貌、自然气候、土壤质地及自然植被等结构因素的限制；另一方面是受到人类经济与社会活动的强烈干扰所致。其中，人类的经济开发活动是加剧脆弱区生态环境脆弱性的根本因素。因此，积极探索生态脆弱区合理的经济开发强度与方式，建立适宜的产业准入制度，限制或降低人类的干扰程度，缓减人口对土地的压力，是有效克服脆弱区生态环境脆弱性的根本所在。

6.2　综合评价技术指标体系发展完善

根据国务院办公厅 2015 年 8 月 12 日下发的《生态环境监测网络建设方案》，生态环境监测网络建设需要加强生态监测系统建设。即建立天地一体化的生态遥感监测系统，研制、发射系列化的大气环境监测卫星和环境卫星后续星并组网运行，加强无人机遥感监测和地面生态监测，实现对重要生态功能区、自然保护区等大范围、全天候监测。随着高新技术的飞速发展，遥感和地理信息系统等空间信息技术为脆弱区生态环境评价提供了全新的研究模式与技术手段。基于遥感技术的多时相、多分辨率、多波段以及低成本等优势，在宏观上可以快速、有效地对生态环境状况进行定性分析、定量评价，深入理解它的时空演化特征与驱动机制，从而提取更多、更全面的评价指标因子，进而发展完善综合评价技术指标体系，客观评价重点生态脆弱区域的环境状况，为全球、国家和区域尺度的生态环境评价与保护提供科学有效的决策支持。

6.3　脆弱区生态环境综合评价示范应用前景

我国是世界上生态脆弱区分布面积最大、脆弱生态类型最多、生态脆弱性表现最明显的国家之一。我国生态脆弱区大多位于生态过渡区和植被交错区，处于农牧、林牧、农林等复合交错带，是我国目前生态问题较为突出、经济相对落后和人民生活贫困地区，同时也是生态环境监管的薄弱地区。加强这些生态脆弱区的生态监测和环境保护，促进生态脆弱区经济发展，有利于维护区域和国家尺度生态系统的完整性，实现新时期经济社会快速发展背景下的人与自然的和谐发展、健康发展、可持续发展。

以我国典型生态脆弱区为研究对象，基于多源遥感数据协同反演的生态环境指标因子，结合社会经济统计指标等数据构建生态环境综合评价指标体系，搭建系统平台，进

而开展典型脆弱区生态环境综合评价具有广泛的应用前景。在目前我国脆弱区管理薄弱、问题突出的背景下,基于飞速发展的空间信息技术发展水平,不断深化脆弱区生态环境综合评价的技术发展和示范应用,符合我国大力提高生态文明水平的发展战略和人民群众对于提高生态环境质量的客观需求,意义重大,形势紧迫,影响深远。

6.4　脆弱区生态环境综合评价的经济社会效益

开展典型脆弱区生态环境综合评价是我国生态环境保护领域的重点工作和核心任务。通过对典型脆弱区的概念和范围进一步明确,在摸清我国脆弱区基本特征和空间分布的基础上,选择指标因子构建针对各类典型脆弱区的综合评价指标体系,收集地形、地貌、气候、降水、遥感影像等多元数据建立脆弱区的综合监测数据库。基于遥感和地理信息系统等空间信息技术开展主要指标因子的反演,将有效地促进我国生态安全维护、环境健康研究、遥感技术应用等领域的技术水平。通过在重点示范区域开展脆弱区综合评价的实验验证和示范应用,将显著提升我国生态监测、环境保护、生态治理与脆弱区管理人员的技术水平和业务素质,推动脆弱区生态环境综合评价体系发展,不断提高服务于生态监测与保护管理宏观决策的能力,具有巨大的经济效益和社会效益。

参 考 文 献

曹春香. 2013. 环境健康遥感诊断. 北京: 科学出版社.

陈海, 康慕谊, 曹明明. 2007. 北方农牧交错带农林牧业生产结构类型空间分异特征研究. 水土保持通报, 27(2): 46-49.

陈菁. 2009. 福建省脆弱生态环境的定量研究. 云南师范大学学报(自然科学版), 29(4): 68-73.

董孝斌. 2003. 北方农牧交错带农业生态系统生产力分析评价及实证研究. 北京: 中国农业大学博士学位论文.

樊哲文, 刘木生, 沈文清, 林联盛. 2009. 江西省生态脆弱性现状 GIS 模型评价. 地球信息科学学报, 11(2): 202-208.

郭凤鸣. 1997. 层次分析法模型选择的思考. 系统工程理论与实践, 17(9): 55-59.

环境保护部. 2008. 全国生态脆弱区保护规划纲要. 2008 年 9 月.

环境保护部. 2008. 全国生态功能区划. 2008 年第 35 号公告.

环境保护部. 2013. 2012 中国环境状况公报.

环境保护部. 2013. 环境应急响应实用手册. 北京: 中国环境科学出版社.

环境保护总局. 2007. 国家重点生态功能保护区规划纲要. 2007 年第 165 号文件.

黄民生. 2005. 福建沿海地区农业生态环境脆弱度模糊综合评判. 福建师范大学学报(自然科学版), 21(3): 95-98.

黄淑芳. 2003. 福建省脆弱生态环境评价. 福州: 福建师范大学硕士学位论文.

李翠菊. 2007. 生态环境脆弱性及其测度. 华中师范大学硕士学位论文.

李水明, 舒宁. 2005. MODIS 数据在广西生态环境监测及评价中的应用方法. 测绘地理信息, 30(1): 40-42.

梁英丽. 2011. 西南农牧交错带生态环境遥感现状调查与质量评价——以四川省马尔康县为例. 成都理工大学硕士学位论文.

林惠花, 武国胜. 2008. 基于 GIS 和 RS 下的福建省生态环境综合评价. 海南师范大学学报(自然科学版), 21(2): 213-217.

刘东霞, 卢欣石. 2008. 呼伦贝尔草原生态环境脆弱性评价. 中国农业大学学报, 13(5): 48-54.

刘纪远, 邵全琴, 樊江文. 2009. 三江源区草地生态系统综合评估指标体系. 地理研究, 28(2): 273-283.

刘欣, 葛京凤, 赵艳霞. 2009. 基于 GIS、RS 的生态脆弱区生态安全评价——以河北太行山区为例. 河北省科学院学报, 26(1): 58-64.

刘燕华, 李秀彬. 2001. 脆弱生态环境与可持续发展. 北京: 商务印书馆.

刘正佳, 于兴修, 李蕾等. 2011. 基于 SRP 概念模型的沂蒙山区生态环境脆弱性评价. 应用生态学报, 22(8): 2084-2090.

卢远, 华璀, 王娟. 2006. 东北农牧交错带典型区土地利用变化及其生态效应. 中国人口·资源与环境, 16(2): 58-62.

蒙吉军, 张彦儒, 周平. 2010. 中国北方农牧交错带生态脆弱性评价——以鄂尔多斯市为例. 中国沙漠, 30(4): 850-856.

孟猛, 倪健, 张治国. 2004. 地理生态学的干燥度指数及其应用评述. 植物生态学报, 28(6): 853-861.

乔青, 高吉喜, 王维, 田美荣, 吕世海. 2008. 生态脆弱性综合评价方法与应用. 环境科学研究, 21(5):

117-123.

乔治, 徐新良. 2012. 东北林草交错区土壤侵蚀敏感性评价及关键因子识别. 自然资源学报, 27(8):
　　1349-1361.

乔治. 2011. 东北林草交错区土地利用对生态脆弱性的影响评价. 济南: 山东师范大学硕士学位论文.

史德明, 梁音. 2002. 我国脆弱生态环境的评估与保护. 水土保持学报, 16(1): 6-10.

史纪安, 刘玉华, 师江澜, 杨改河, 王得祥. 2006. 江河源区生态环境质量综合评价. 西北农林科技大学
　　学报(自然科学版), 34(10): 61-66.

束龙仓, 柯婷婷, 刘丽红, 张蓉蓉, 鲁程鹏. 2010. 基于综合法的岩溶山区生态系统脆弱性评价——以贵
　　州省普定县为例. 中国岩溶, 29(2): 141-144.

宋崇真, 周玉华. 2011. 生态脆弱区保护立法初探. 东北农业大学学报(社会科学版), 9(2): 134-136.

汤洁, 朱云峰, 李昭阳, 斯蔼, 崔建. 2006. 东北农牧交错带土地生态环境安全指标体系的建立与综合评
　　价——以镇赉县为例. 干旱区资源与环境, 20(1): 119-124.

田光进, 张增祥, 张国平, 周全斌, 赵晓丽. 2002. 基于遥感与 GIS 的海口市景观格局动态演化. 生态学
　　报, 22(7): 1028-1034.

田亚平, 刘沛林, 郑文武. 2005. 南方丘陵区的生态脆弱度评估——以衡阳盆地为例. 地理研究, 24(6):
　　843-852.

王静. 2009. 岩溶山地生态脆弱性评价及治理措施研究——以重庆市南川区为例. 云南大学硕士学位论
　　文.

王丽婧, 郭怀成, 刘永, 戴永利, 王吉华. 2005. 邛海流域生态脆弱性及其评价研究. 生态学杂志,
　　24(10): 1192-1196.

王让会, 宋郁东, 樊自立, 游先祥. 2001. 新疆塔里木河流域生态脆弱带的环境质量综合评价. 环境科
　　学, 22(2): 7-11.

王晓鹏, 曾永年, 曹广超, 丁生喜. 2005. 基于多元统计和 AHP 的青藏高原牧区可持续发展评价模型与
　　应用. 系统工程理论与实践, 25(6): 139-144.

魏琦, 唐华俊, 王道龙, 杨强. 2010. 内蒙古林西县生态脆弱性评价研究. 中国农业资源与区划, 31(3):
　　15-21.

武永峰, 任志远. 2002. 陕西省脆弱生态环境定量评价研究. 干旱区资源与环境, 16(2): 10-14.

徐庆勇, 黄玫, 刘洪升, 闫慧敏. 2011. 基于 RS 和 GIS 的珠江三角洲生态环境脆弱性综合评价. 应用生
　　态学报, 22(11): 2987-2995.

杨洋. 2011. 辽宁省沿海城市自然灾害脆弱性评价研究. 沈阳: 辽宁师范大学硕士学位论文.

姚建. 2004. 岷江上游生态脆弱性分析及评价. 成都: 四川大学博士学位论文.

于伯华, 吕昌河. 2011. 青藏高原高寒区生态脆弱性评价. 地理研究, 30(12): 2289-2295.

余坤勇, 刘健, 黄维友, 许章华, 陈志飞. 2009. 基于 GIS 技术的闽江流域生态脆弱性分析. 江西农业大
　　学学报, 31(3): 568-573.

玉山. 2008. RS & GIS 支持下的北方农林牧交错区耕地质量评价研究——以内蒙古阿荣旗为例. 内蒙古
　　师范大学硕士学位论文.

张海林, 何报寅, 丁国平. 2002. 武汉湖泊富营养化遥感调查与评价. 长江流域资源与环境, 11(1): 36-39.

张红梅. 2005. 遥感与 GIS 技术在区域生态环境脆弱性监测与评价中的应用研究. 福建师范大学硕士学
　　位论文.

张建龙, 王月健. 2010. 基于多层次多尺度的生态安全评价指标体系研究——以塔里木河流域中游段为
　　例. 安徽农业科学, 38(13): 6807-6810.

张丽, 林联盛, 刘木生, 张其海, 林建平. 2009. AHP 法在江西脆弱生态环境评价指标体系中的应用. 江

西科学, 27(2): 240-246.

张秀娟, 周立华. 2012. 基于DFSR模型的北方农牧交错区生态系统健康评价——以宁夏盐池县为例. 中国环境科学, 32(6): 1134-1140.

赵红兵. 2007. 生态脆弱性评价研究——以沂蒙山区为例. 青岛: 山东大学硕士学位论文, 2007.

赵跃龙, 张玲娟. 1998. 脆弱生态环境定量评价方法的研究. 地理科学, 18(1): 73-79.

郑雯. 2012. 福州海岸带景观格局动态变化及生态安全评价. 福州: 福建农林大学硕士学位论文.

中国国务院新闻办公室. 2006. 中国环境保护白皮书(1996-2005). 北京.

钟晓娟, 孙保平, 赵岩, 李锦荣, 周湘山, 王引乾, 邱一丹, 冯磊. 2011. 基于主成分分析的云南省生态脆弱性评价. 生态环境学报, 20(1): 109-113.

周晓雷. 2008. 青藏高原东北边缘生态环境退化研究. 兰州: 兰州大学博士学位论文.

Adger W N. 2006. Vulnerability. Global Environmental Change, 16(3): 268-281.

Akanda A S, Hossain F. 2012. The Climate-Water-Health Nexus in Emerging Megacities. EOS Transactions, 93(37): 353-354.

Bartell S M. 1998. Ecology, Environmental Impact Statements, and Ecological Risk Assessment: A Brief Historical Perspective. Human & Ecological Risk Assessment, 4(4): 843-851.

Chang C, Zhao G, Li J, et al. 2015. Remote sensing inversion of soil degradation in typical vulnerable ecological region of Yellow River Delta. Nongye Gongcheng Xuebao/transactions of the Chinese Society of Agricultural Engineering, 31(9): 127-132.

Chen Q, Liu J. 2014. Development process and perspective on ecological risk assessment. Acta Ecologica Sinica, 34(5): 239-245.

Chen S, Chen B, Fath B D. 2013. Ecological risk assessment on the system scale: A review of state-of-the-art models and future perspectives. Ecological Modelling, 250(1753): 25-33.

Costanza R, Norton B G, Haskell B D. 1992. Ecosystem Health: New Goals for Environment Management, Washington, D. C. Island Press.

Drayson K, Wood G, Thompson S. 2017. An evaluation of ecological impact assessment procedural effectiveness over time. Environmental Science & Policy, 70: 54-66.

Hanson M L, Solomon K R. 2004a. Haloacetic acids in the aquatic environment. Part I: macrophyte toxicity. Environmental Pollution, 130(3): 371-383.

Hanson M L, Solomon K R. 2004b. Haloacetic acids in the aquatic environment. Part II: ecological risk assessment. Environmental Pollution, 130(3): 385-401.

Hassaan M A. 2013. GIS-based risk assessment for the Nile Delta coastal zone under different sea level rise scenarios case study: Kafr EL Sheikh Governorate, Egypt. Journal of Coastal Conservation, 17(4): 743-754.

He B B, Quan X, Xing M. 2013. Retrieval of leaf area index in alpine wetlands using a two-layer canopy reflectance model. International Journal of Applied Earth Observation & Geoinformation, 21(1): 78-91.

He B B. 2014. Integration method to estimate above-ground biomass in arid prairie regions using active and passive remote sensing data. Journal of Applied Remote Sensing, 8(1): 083677-083677.

Kumar M. 2015. Remote sensing and GIS based sea level rise inundation assessment of Bhitarkanika forest and adjacent eco-fragile area, Odisha. 5: 684-696.

Lange H J D, Sala S, Vighi M, et al. 2010. Ecological vulnerability in risk assessment—a review and perspectives. Science of the Total Environment, 408(18): 3871-3879.

Li A, Wang A, Liang S, Zhou W. 2006. Eco-environmental vulnerability evaluation in mountainous region using remote sensing and GIS—A case study in the upper reaches of Minjiang River, China. Ecological Modelling, 192(1-2): 175-187.

Liu R, Shen Z. 2007. Integrated assessment and changes of ecological environment in the Daning River Watershed. Frontiers in Biology, 2(4): 474-478.

Liu Y, Wang Y, Jian P, et al. 2015. Urban landscape ecological risk assessment based on the 3D framework of adaptive cycle. Acta Geographica Sinica, 70(7): 1052-1067.

Newsted J L, Nakanishi J, Cousins I, et al. 2008. Predicted Distribution and Ecological Risk Assessment of a "Segregated" Hydrofluoroether in the Japanese Environment. Environmental science & technology, 36(22): 4761-4769.

Quan X, He B B, Wang Y, Tang Z, and Li X. 2014. An extended Fourier approach to improve the retrieved leaf area index (LAI) in a time series from an alpine wetland. Remote Sensing, 6(2): 1171-1190.

Rani N N V S, Satyanarayana A N V, Bhaskaran P K. 2015. Coastal vulnerability assessment studies over India: a review. Natural Hazards, 77(1): 405-428.

Rapport D J. 1998. Defining ecosystem health. In: Rapport D J, Costanza R. , Epstein P. R. et al. (eds.), Ecosystem Health. Malden: Blackwell Sciences.

Reiss R, Lewis G, Griffin J. 2009. An ecological risk assessment for triclosan in the terrestrial environment. Environmental Toxicology & Chemistry, 28(7): 1546-1556.

Sala S, Farioli F, Zamagni A. 2013. Progress in sustainability science: lessons learnt from current methodologies for sustainability assessment: Part 1. International Journal of Life Cycle Assessment, 18(9): 1653-1672.

Shea D, Thorsen W. 2012. Chapter Twelve–Ecological Risk Assessment. Progress in Molecular Biology & Translational Science, 112: 323-348.

Tao J, Zhou Z, Shui C. 2011. Drought Monitoring and Analyzing on Typical Karst Ecological Fragile Area Based on GIS. Procedia Environmental Sciences, 10(Part C): 2091-2096.

Wang X D, Zhong X H, Liu S Z, Liu J G, Wang Z Y, and Li M H. 2008. Regional assessment of environmental vulnerability in the Tibetan Plateau: Development and application of a new method. Journal of Arid Environments, 72(10): 1929-1939.

Xing M, He B B. 2014. Estimation of Aboveground Biomass in Arid Region with ASAR Data and TM Data: A Case Study over the Reed Vegetation of Wutumeiren Prairie, Qinghai Province. Geographical Research, 4(1): 79-84.

Yang X, Yan J P. 2002. Quantitative Assessment of Fragile Environment in Shaanxi-Gansu-Ningxia Border Area. Journal of Arid Land Resources & Environment, 16(4): 87-90.

Zhang T Z, Wang W, Liu C F et al. 2016a. Division on Land Consolidation of Typical Area for Ecological Fragile Area in Northwest China—A Case Study in Lanzhou City of Gansu Province. Bulletin of Soil & Water Conservation.

Zhang X, Fu X, Zhang L. 2016b. Ecological vulnerability assessment of estuarine wetland of the Yellow River Delta. 19(4): 771-784.

Zhong C, He Z Y, Liu S Z. 2005. Evaluation of eco-environmental stability based on GIS in Tibet, China. Wuhan University Journal of Natural Sciences, 10(4): 653-658.

Zijp M C, Heijungs R, Ester V D V, et al. 2015. An Identification Key for Selecting Methods for Sustainability Assessments. Sustainability, 2015(7): 2490-2512.